稻渔综合种养新模式新技术系列丛书

全国水产技术推广总站 ◎ 组编

稻 鱼 综合种养

技术模式与案例（平原型）

杜军　刘亚　周剑 ◎ 主编

U0239186

中国农业出版社

北 京

图书在版编目（CIP）数据

稻鱼综合种养技术模式与案例．平原型/全国水产
技术推广总站组编；杜军，刘亚，周剑主编．—北京：
中国农业出版社，2018.11

（稻渔综合种养新模式新技术系列丛书）

ISBN 978-7-109-24426-9

Ⅰ．①稻… Ⅱ．①全… ②杜… ③刘… ④周… Ⅲ．
①稻田养鱼－研究 Ⅳ．①S964.2

中国版本图书馆 CIP 数据核字（2018）第 170781 号

中国农业出版社出版

（北京市朝阳区麦子店街 18 号楼）

（邮政编码 100125）

策划编辑 郑 珂

责任编辑 王金环

北京万友印刷有限公司印刷 新华书店北京发行所发行

2018 年 11 月第 1 版 2018 年 11 月北京第 1 次印刷

开本：880mm×1230mm 1/32 印张：4.5 插页：2

字数：115 千字

定价：18.00 元

（凡本版图书出现印刷、装订错误，请向出版社发行部调换）

稻渔综合种养新模式新技术系列丛书

丛书编委会

顾　问　桂建芳

主　编　肖　放

副主编　刘忠松　朱泽闻

编　委　（按姓名笔画排序）

丁雪燕　马达文　王祖峰　王　浩　邓红兵

占家智　田树魁　白志毅　成永旭　刘　亚

刘学光　杜　军　李可心　李嘉尧　何中央

张海琪　陈　欣　金千瑜　周　剑　郑怀东

郑　珂　孟庆辉　赵文武　奚业文　唐建军

蒋　军

稻渔综合种养新模式新技术系列丛书

本书编委会

主　　编　杜　军　刘　亚　周　剑
参编人员　杜　军　刘　亚　周　剑　邓红兵　李　强
　　　　　陈叶雨　张　露　王　恒　廖　敏　赵　刚
　　　　　刘光迅　王　俊

丛 书 序

  21 世纪以来，为解决农民种植水稻积极性不高以及水产养殖病害突出、养殖水域发展空间受限等问题，在农业农村部渔业渔政管理局和科技教育司的大力支持下，全国水产技术推广总站积极探索水产养殖与水稻种植融合发展的生态循环农业新模式，农药化肥、渔药饲料使用大幅减少，取得了水稻稳产、促渔增收的良好效果。在全国水产技术推广总站的带动下，相关地区和部门的政府、企业、科研院校及推广单位积极加入稻渔综合种养试验示范，随着技术集成水平不断提高，逐步形成了"以渔促稻、稳粮增效、质量安全、生态环保"的稻渔综合种养新模式。目前，已集成稻-蟹、稻-虾、稻-鳖、稻-鲤、稻-鳅五大类 19 种典型模式，以及 20 多项配套关键技术，在全国适宜省份建立核心示范区 6.6 万公顷，辐射带动 133.3 万公顷。稻渔综合种养作为一种具有稳粮促渔、提质增效、生态环保等多种功能的现代生态循环农业绿色发展新模式，得到各方认可，在全国掀起了"比学赶超"的热潮。

  "十三五"以来，稻渔综合种养发展进入快速发展的战略机遇期。首先，从政策环境看，稻渔综合种养完全符合党的十九大报告提出的建设美丽中国、实施乡村振兴战略的大政方针，以及农业供给侧改革提出的"藏粮于地、藏粮于技"战略的有关要求。《全国农业可持续发展规划（2015—2030 年）》等均明确支持稻渔综合种养发展，稻渔综合种养的政策保障更有力、发展条件更优。其次，从市场需求看，随着我国城市化步伐加快，具有消费潜力的群体不断壮大，对绿色优质农产品的需求将持续增大。最后，从资源条件看，我国适宜发展综合种养的水网稻田和冬闲稻田面积据估算有 600 万公顷以上，具有极大的发展潜力。因此可以预见，稻渔综合种养将进入快速规范发展和大有可为的新阶段。

为推动全国稻渔综合种养规范健康发展，推动 2018 年 1 月 1 日正式实施的水产行业标准《稻渔综合种养技术规范　通则》的宣贯落实，全国水产技术推广总站与中国农业出版社共同策划，组织专家编写了这套《稻渔综合种养新模式新技术系列丛书》。丛书以"稳粮、促渔、增效、安全、生态、可持续"为基本理念，以稻渔综合种养产业化配套关键技术和典型模式为重点，力争全面总结近年来稻田综合种养技术集成与示范推广成果，通过理论介绍、数据分析、良法推荐、案例展示等多种方式，全面展示稻田综合种养新模式和新技术。

这套丛书具有以下几个特点：①作者权威，指导性强。从全国遴选了稻渔综合种养技术推广领域的资深专家主笔，指导性、示范性强。②兼顾差异，适用面广。丛书在介绍共性知识之外，精选了全国各地的技术模式案例，可满足不同地区的差异化需求。③图文并茂，实用性强。丛书编写辅以大量原创图片，以便于读者的阅读和吸收，真正做到让渔农民"看得懂、用得上"。相信这套丛书的出版，将为稻渔综合种养实现"稳粮增收、渔稻互促、绿色生态"的发展目标，并作为产业精准扶贫的有效手段，为我国脱贫攻坚事业做出应有贡献。

这套丛书的出版，可供从事稻田综合种养的技术人员、管理人员、种养户及新型经营主体等参考借鉴。衷心祝贺丛书的顺利出版！

中国科学院院士

2018 年 4 月

前　言

　　水稻是我国主要的粮食作物，目前全国稻田面积约0.3亿公顷，年产量近2亿吨，约占粮食总产量的35％。全国约有65％的人口以稻米为主食，水稻的产量和品质对于粮食安全供给意义重大。但随着经济社会的快速发展和城市化、工业化的迅速推进，我国农业和农村形势正发生深刻变化。在现有国家粮食价格政策保障下，单一种植水稻效益比较低，严重影响了农民种稻积极性，部分地区中低产稻田撂荒现象较为严重，稻田流转中"非农化""非粮化"问题比较突出。另外，由于生产方式粗放，化肥、农药使用一直处于较高水平，产生了农业面源污染问题，给我国粮食保障、食品安全带来了严峻的挑战。

　　稻渔综合种养是在我国传统稻田养鱼基础上，逐步发展起来的一种现代农业新模式，通过种养结合、生态循环，实现一水双用、一田双收，水稻种植与水产养殖协调绿色发展，对促进农业调结构转方式和可持续发展具有重要意义。为此，农业农村部近年来支持部分适宜地区，在传统稻田养殖的基础上，积极探索"以渔促稻、稳粮增效、质量安全、生态环保"的稻渔综合种养新模式，取得了水稻稳产、经济和生态效益显著提高的可喜成果。稻渔综合种养新模式得到了广泛认可，并在全国迅速推广，目前已在黑龙江、吉林、辽宁、浙江、安徽、江西、福建、湖北、湖南、重庆、四川、贵州、宁夏、云南等省（自治区、直辖市）建立了稻渔综合种养核心示范区87个，面积达 6.67 万公顷以上，辐射带动 133.3 万公顷以上；组织集成、创新、示范和推广稻-蟹、稻-虾、稻-鳖、稻-鲤、稻-鳅五大类 19 种典型模式，以及 20 多项配套关键技术。

其中，"稻鱼共作"是稻渔综合种养模式中重要的一种。主要在浙江、福建、江西、湖南、四川、贵州、云南、广西等地推广，该模式在国内推广的时间最久，推广的面积也最大。

为促进新一轮稻渔综合种养的持续、健康、规范发展，全国水产技术推广总站结合稻渔综合种养相关标准的研究制定，组织开展了《稻渔综合种养新模式新技术系列丛书》的编写。编者结合多年来的生产科学实践，系统收集整理了稻鱼综合种养的资料，编写中尽量做到通俗易懂、深入浅出，采取图文并茂的形式，完成了《稻渔综合种养新模式新技术系列丛书》之《稻鱼综合种养技术模式与案例（平原型）》一书。本书内容主要包括稻渔综合种养概述，稻鱼综合种养技术，典型案例分析，效益分析，资源条件及前景分析，存在的问题与发展建议六个部分。本书可作为科技工作者、农技推广人员和广大农民的学习培训材料，也可作为农业院校及有关部门的参考书。

本书在编写过程中得到了全国水产技术推广总站，四川省水产局、崇州市农村发展局、邛崃市农业和林业局等单位的支持，在此表示衷心感谢。由于编者水平有限，时间仓促，疏漏、不当之处敬请读者批评指正。

编　者

2018 年 4 月

目　录

第一章

稻渔综合种养概述

一、稻渔综合种养的概念

稻渔综合种养是一种把种植业和水产养殖业有机结合起来的立体生态农业生产方式。这一生产方式是根据稻鱼共生理论，利用人工新建的稻鱼共生关系，将原有的稻田生态向更加有利的方向转化，达到水稻增产、水产品丰收的目的。在稻渔综合种养的条件下，利用稻田的浅水环境，辅以人为措施，既种植水稻又养殖水产品，使稻田内的水资源、杂草资源、动物资源，以及其他物质和能源更加充分地被养殖的水生生物所利用，并通过所养殖的水生生物的生命活动，达到为稻田除草、除虫、疏土和增肥目的，实现在同一田内既种稻又养鱼，合理地改善水稻的生长发育条件，改善土壤通透性、提高土壤肥力和控制水稻病虫害，促进稻谷的生长，实现稻鱼双丰收的目标。这种生产方式能够发挥"一田多用、一水多用、一季多收"的最佳效果，提高资源利用效率，促进物质能量循环，有效地节约水、土资源，获得稻鱼互利双增收的理想效果。

二、发展历史

关于稻田养鱼的历史，诸多历史遗迹及文字记载证明早在两千多年前，我国陕西和四川一些地区便出现了稻田养鱼。我国考古工作者在四川、陕西等地的汉墓中，陆续发现水田模型多件。如四川新津宝子山水田模型,田中横穿一沟渠,渠中有游鱼;绵阳新皂水田模型,田分两段,中有鱼和泥鳅;陕西勉县出土的东汉陶稻田模型,田面中有泥塑的草鱼、鲫等。四川新都出土的画像砖有农夫水田劳作的场景,脚下有鱼儿游动水中。《魏武四时食制》记载:"郫县子鱼,黄鳞赤尾,出稻田,可以为酱"。对照考古发掘和历史文献,可以知道我国稻田养鱼的历史悠久。当时饲养的品种有鲤、鲫、草鱼、鲢、鳙、泥鳅等。唐昭宗年间,时任广州司马的刘恂在《岭表录异》中记载了广东西部山区农民利用草鱼食草习性熟田除草的情形:"新泷等州山田,拣荒平处,以锄锹开为町疃。伺春雨,丘中聚水,即先买鲩鱼子散于田内,一二年后,鱼儿长大,食草根并尽,既为熟田,又收鱼利,及种稻且无稗草,乃齐民之上术也。"养鱼治田,一举两得,也开创了中国生物防治杂草的先河。宋元时期稻田养鱼继续发展,至明代,一些地区已开展大面积稻鱼轮作。如明朝时期广东《顺德县志》谈到当地的稻田养鱼:"圃中凿池养鱼,春则涸之插秧"。说明明清时期,稻田养鱼在我国南方进一步扩展,并且达到了相当的规模。民国时期,虽然战乱频繁,但稻田养鱼的传统并未丢弃,一些科研单位还开展了稻田养鱼技术的科学研究。广东、广西、云南、四川、江苏等地开展了稻田养鱼,且具有一定的规模。据《桂政纪实》所载,20世纪30年代仅广西部分地区,稻田养鱼面积就不下1.33万公顷,年产2 000~2 500吨,其中横县、贵县年产量在500吨以上。放养的鱼种以鲤为主,其中"禾花鲤"为广西桂平特产,产量占养鱼量的90%。

中华人民共和国成立前,古老的稻田养殖方式主要为人放天养、自给自足的粗放生产模式,种养区主要局限在气温较高的西南、中南、华南和华东部分地区,而且多限于冬天蓄水的深水田、冷浸田。中华人民共和国成立后,稻田养鱼有了长足的发展,家鱼人工繁殖的成功,为稻田养殖提供了苗种基础,有力地推动了稻田养鱼的发展,养殖区域由西南、中南、华南和华东部分地区逐渐发展推广到全国各地。

结合文献资料,中华人民共和国成立后我国稻田养鱼主要经历了以下发展阶段：

1. 恢复发展阶段（1949 年至 20 世纪 70 年代末）

中华人民共和国成立以后，稻田养鱼得到了我国水产部门的高度重视。1954 年，第四届全国水产工作会议正式提出"发展全国稻田养殖"，号召在全国发展稻田养鱼。稻田养殖从丘陵山区扩大到平原地区，从而使我国传统的稻田养殖业得到了迅速恢复和发展。1958 年，全国水产工作会议将稻田养鱼纳入农业规划，推动了我国稻田养鱼的迅速发展。至 1959 年，全国稻田养鱼面积超过 66.7 万公顷。但这一时期，稻田养鱼技术仍沿袭传统的粗放养殖的模式，一般不进行投喂和管理，单产和效益均较低。当时由于家鱼人工繁殖技术还没有推广普及，稻田养鱼苗种来源困难，成为限制稻田养鱼发展的第一大瓶颈。随后的 20 世纪 60 年代初至 20 世纪 70 年代中期，农药在水稻生产上大量推广使用，稻田养鱼模式没有与迅速发展的双季稻匹配，稻鱼共生出现冲突，导致稻田养鱼规模萎缩。

2. 技术形成阶段（20 世纪 70 年代末至 90 年代初）

20 世纪 70 年代，我国稻鱼共生理论体系不断完善。20 世纪 70 年代初期，倪达书研究员在总结我国稻田养鱼经验的基础上，提出了"以鱼支农、以鱼促稻"的设想，开展了稻田养鱼试验，获得了稻鱼双增收的良好效果。此后，由中国科学院列题对稻田生态系统进行了深入研究，提出了稻鱼共生理论，阐述了稻田养草鱼种的生态功能，制定了稻田养鱼的技术操作规范，确立了稻鱼的几种配套模式，并进行了农渔结合试点。1978 年以后，随着我国农村家庭联产承包责任制的建立和完善，农业生产内部结构逐步优化。政府采取了有力措施大力发展稻田养殖，稻田养鱼技术得到了创新。从 1983 年开始，先后在四川省温江县、江苏省无锡市、辽宁省盘锦市和江苏省徐州市等地召开稻田养殖经验交流大会，研究稻田养殖的技术、发展方向并分享各地的成功经验。1984 年，国家经济贸易委员会将"稻田养鱼"列入新技术开发项目，在全国 18 个省（自治区、直辖市）推广。1987 年，稻田养鱼技术推广纳入了国家农牧渔业丰收计划和国家农业重点推广计划。经过探索与凝练，形成了稻田养鱼丰产技术模式。这一阶段稻田养鱼由粗放的单一模式，逐步发展成各具特色的多种模式，例如适合小丘块的沟函模式，适合丘陵区的沟塘模式，适合平原区的深沟模式等。稻田养鱼的品种由原来的鲤、鲫、草鱼，增加了罗非鱼、革胡子鲇、泥鳅等种类。稻田养鱼由依靠稻田中天然饵料发展到结合人工投喂饲料，单产水平大幅提高。据资料记载，1986 年辽宁省新民县一农户进行稻田养鱼，经过测产，每 667 米^2 稻田产鱼 40 千克，所产鱼中，鲤最大的 0.65 千克，小的也有 0.25 千克，每 667 米^2 产稻谷 525 千克，去掉成本，每 667 米^2 多收入 100 元。据徐富贤（1989 年）报道，1986 年全国有近 100 万公顷的稻田养鱼，其中四川省有 13.3 多万公顷，为全国之冠。成都市"六五"期间开展各种类型的稻田养鱼面积 10.13 万公顷，共收获鱼 908.63 万千克，占水产品总产量的 30.28%。1987 年重庆市稻田养鱼面积 7.33 万公顷，平均每 667 米^2 产鱼 20 千克，部分高产示范田块甚至达每 667 米^{2}200～300 千克。

3. 快速发展阶段（20 世纪 90 年代中期至 21 世纪初）

20 世纪 90 年代以来，我国稻田养鱼生产通过在技术上广泛的研究和在生产上的深入实践，已经形成了较为完整的理论体系。我国稻田养鱼迅速恢复并获得了长足发展。随着水产科技进步，技术推广工作加强以及农、渔民在市场经济条件下创新性的生产实践，我国传统养鱼技术有了进一步的发展和创新，稻田养鱼也相应地在基础理论和技术水平方面登上了一个新的台阶。国家进一步加大扶持力度，1994 年经国务院同意，农业部印发《农业部关于加快发展稻田养鱼，促进粮食稳定增产和农民增收的意见》，促进了稻田养鱼的快速发展。同年，全国 21 个省（自治区、直辖市）发展稻田养鱼面积达 85 万公顷，平均单产水平达到每 667 米^2 水稻 500 千克、成鱼 16.2 千克。90 年代末，农业部先后组织召开了 5 次全国稻田养鱼经验交流会和现场会。这一时期，稻田养鱼技术不断完善，单产水平持续提高，"千斤稻、百斤鱼"形成相当大的规模。

到 2000 年，我国已成为世界上稻田养鱼规模最大的国家。全国稻田成鱼单产水平，较 1994 年的水平翻了一番。

4. 转型升级阶段（21 世纪初至今）

进入 21 世纪后，随着我国经济快速发展和人民生活水平的提高，生产者对单位面积的土地产出以及食品优质化的要求不断提高。传统的稻田养鱼技术，由于品种单一、经营分散、规模较小、效益较低，越来越难以适应新时期农业农村发展的要求，其发展一度处于减缓、甚至停滞倒退的状态。党的十七大以后，随着我国农村土地流转政策不断明确，农业产业化步伐加快，稻田规模经营成为可能。各地纷纷结合实际，在综合平衡水稻、水产、农民利益、生态环保等多方面要求的基础上，探索出一大批以水稻生产为中心，以特种经济品种为主导，以标准化生产、规模化开发、产业化经营为特征的百公顷甚至千公顷连片的稻渔综合种养典型模式。各地结合实际情况，因地制宜，探索了稻-鱼、稻-蟹、稻-虾、稻-蛙、稻-鳅等新模式和新技术，取得了显著的经济、社会、生态效益，形成了"以渔促稻、稳粮增效、质量安全、生态环保"的稻渔综合种养新模式。稻渔综合种养再次得到了各地政府的高度重视，掀起了新一轮发展热潮。

三、发展现状

近年来，农业农村部高度重视稻渔综合种养的发展。2007 年，"稻田生态养殖技术"被选入 2008—2010 年渔业科技入户主推技术。2011 年，农业部渔业渔政管理局将发展稻渔综合种养列入《全国渔业发展第十二个五年规划（2011—2015 年）》，作为渔业拓展的重点领域。2012 年起，农业部科技教育司设立"稻田综合种养技术集成与示范推广"专项；2012 年启动了公益性行业（农业）科研专项"稻-渔耦合养殖技术研究与示范"项目。2015 年水产行业标准"稻渔综合种养技术规范"立项并启动制定。2015 年起，国家农业综合开发项目中开始设立稻田综合示范基地建设项目，支持稻田综合种养产业化基地的建设。同时，各地加大了对稻渔综合种养的扶持力度，如浙江省海洋与渔业局组织实施了"养鱼稳粮工程"，并将其列入"十二五"浙江省农业重点工程；湖北省将稻渔综合种养列入当地现代农业发展规划，进行重点扶持；宁夏回族自治区将稻蟹生态种养作为自治区主席工作1号工程，在全区大面积推广。2016年四川省政府办公厅下发《关于进一步加强高标准农田建设工作的通知》，对四川省高标准农田建设工作联席会议制度作出调整，要求各地政府结合实际，建立健全相应工作推进机制。"十三五"期间，四川省将建成高标准农田约133万公顷，每年约27万公顷。为确保建设任务顺利完成，特别强调以县市区为单位，以产业为引导，打破部门和行业界限，按"多个渠道进水、一个池子蓄水、一个龙头放水"的原则，统筹投放使用资金，提高财政资金整体效益，并加大县级财政资金投入力度。2017年四川省又出台了《四川省农业厅关于加快发展稻渔综合种养的指导意见》，提出发展稻渔综合种养，要不断完善稻渔综合种养模式和技术，充分调动农业新型经营主体积极性，并通过规模化开发、集约化经营、标准化生产、品牌化运作扎实推进。到2020年年底，四川省新增稻渔综合种养面积6.67万公顷，综合效益达到100亿元；稻渔综合种养总面积达到33.33万公顷，综合效益达到300亿元。

在农业农村部和各地政府部门的大力推动下，稻渔综合种养模式和技术不断完善。截至目前，在黑龙江、吉林、辽宁、浙江、安徽、江西、福建、湖北、湖南、重庆、四川、贵州、宁夏等省（自治区、直辖市），建立了稻渔综合种养核心示范区87个，面积超过6.67万公顷，辐射带动超过133万公顷；组织集成、创新、示范和推广了稻-蟹、稻-虾、稻-鳖、稻-鲤、稻-鳅五大类19种典型模式，以及20多项配套关键技术。示范区共培育专业合作社、龙头企业等新型经营主体200多个，创建稻米品牌30多个、水产品牌20多个。从示范效果看，示范区水稻产量稳定在每667米^{2}500千克以上，稻田增效50%以上，农药使用量平均减少51.7%，化肥使用量平均减少50%以上。在2011—2013年"全国农牧渔业丰收奖"评选中，稻渔综合种养技术集成与示范相关项目，共获成果奖一等奖 2 个、二等奖 1 个，得到社会广泛认可。悠久的历史使稻田养鱼成为一种文化，如浙江青田稻田养鱼以其特有的文化，于 2005 年 6 月被联合国粮食及农业组织认定为全球重要农业文化遗产，是我国第一个全球重要农业文化遗产。

现将稻渔综合种养在现阶段的特点总结如下：

1. 养殖范围不断扩展

目前，全国稻渔综合种养范围扩大主要体现在四个转移上。一是稻渔综合种养由局部区域向全国范围扩展。中华人民共和国成立前，稻渔综合种养局限在气温较高的西南、中南、华南、华东部分丘陵山区，现在东北、华北、西北地区也不同程度地开展了稻渔综合种养，其地域分布基本扩展到了全国。二是稻渔综合种养从丘陵山区向平原、城郊地区转移。三是稻渔综合种养从主要解决农民自食为主、养殖分散、粗放经营的自然经济向商品经济转移，推行产业化经营。四是不仅贫困地区，发达地区也在积极开展稻渔综合种养。稻渔综合种养已成为水田区农村经济的重要组成部分。

2. 养殖内涵不断扩展

在种养模式上，稻渔综合种养由最传统的稻-鱼类型发展为稻-蟹、稻-虾、稻-鳝、稻-鳅、稻-鳖、稻-蛙等多种类型。在发展稻渔综合种养的同时，不少地区还开展了稻田种植莲藕、茭白、慈菇、水芹等与水产养殖结合。稻渔综合种养由单品种种养向多品种混养发展，由种养常规品种向种养名、特、优品种发展，从而提高了产品的市场适应能力。随着新品种选育的成功，不少稻渔综合种养地区也开始引入新品种。如具有生长快、体型好、饲料转化率高、抗病力强和遗传性状稳定的福瑞鲤，是农业部"十二五"主推的大宗淡水养殖鱼类新品种，多地引进该新品种，试验稻田养殖和推广，取得了较好的效益。泥鳅、黄颡鱼等优质水产品种也得到推广和发展。

3. 稻田养殖面积逐步扩大，养殖产量快速增加

根据 2014—2017 年《中国渔业统计年鉴》的数据，2013—2016

年全国各地区内陆养殖面积中，稻田养殖面积均在133万公顷以上，稻田养殖面积占淡水养殖总面积（未包含稻田养殖面积）的比例均在25%左右。根据2017年《中国渔业统计年鉴》数据，2016年全国水产养殖面积约835万公顷，淡水养殖面积约618万公顷，占水产养殖总面积的74.04%。其中，池塘养殖面积276.3万公顷，比上年增加6.1万公顷、增长2.27%；水库养殖面积201.1万公顷，比上年减少0.15万公顷、降低0.07%；湖泊养殖面积99.1万公顷，比上年减少3.15万公顷、降低3.08%；河沟养殖面积26.8万公顷，比上年减少0.94万公顷、降低3.40%；其他养殖面积14.8万公顷，比上年增加1.34万公顷、增长10.00%；稻田养成鱼面积151.6万公顷，比上年增加1.45万公顷、增长0.96%。由此可见，在水库养殖、湖泊养殖、河沟养殖减少的同时，池塘养殖、其他养殖和稻田养殖面积在增加，且稻田养殖面积增加居第二。

到2016年，我国稻田养殖面积约151万公顷，年生产水产品达160万吨（图1-1），占淡水养殖总产量5.1%。稻田养鱼促进了农民增收，同时为现代渔业发展和从渔农民增收探索出了新方向。

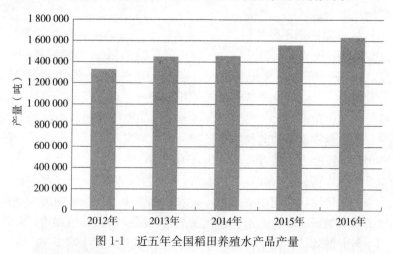

图1-1　近五年全国稻田养殖水产品产量

4. 稻田养殖在内陆水产养殖中所占比例明显增加

我国内陆水产养殖的产量来自6个方面，即池塘养殖、湖泊养殖、水库养殖、河沟养殖、稻田养殖和其他养殖。1985—1995 年稻田养殖产量占内陆水产养殖总产量的比例基本保持平稳，占到总产量的 3％，在这 6 个方面中居第 5 位。21 世纪初至今，稻田养殖稳步发展，稻田养殖所生产的水产品产量占淡水养殖总产量的 5％左右，已接近全国湖泊养殖的总产量。2000 年全国稻田养鱼面积为 162 万公顷，产量 105 万吨。其中养殖面积最多的是湖南省（约 35.5 万公顷)，四川省约 31.9 万公顷，居全国第二。2016 年全国稻田养殖面积约 151.6 万公顷，产量 163 万吨，其中四川省是全国稻田养殖面积最多的省；湖北省约 25.4 万公顷，居全国第二。

5. 技术不断创新

一场新的稻田养殖技术革新在中国大地上蓬勃掀起，稻田养殖的技术水平不断提高。各地资源环境条件不同，推广模式及配套技术也不尽相同。四川省推广规范化稻田养殖，要求鱼凼占水稻田面积的 8％～10％；水深 1.5 米以上；用条石、火砖等硬质材料嵌护；田埂加高加固；结合农田水利建设，做到田、林、路综合治理，水渠排灌设施配套，实现立体开发、综合利用稻田生态系统，最大限度地提升稻田的地力和载鱼力。湖南省重点推广田凼沟相结合模式，要求鱼凼水深 1 米以上；沟凼面积占稻田面积的 5％～8％；靠近水源，排灌方便；沟凼相通，沟沟相连；鱼凼结构坚固耐用；同时要求优化放养品种结构。江苏省大力推行宽沟式稻渔工程，实行渠、田、林、路综合治理，桥、涵、闸、房统一配套。陕西省将稻鱼轮作延伸到鱼草轮作，每年 9—10 月待鱼并塘后抽干池水，播种，至翌年 5 月收割完最后一茬草后便注水养殖。

6. 养殖方式不断改进

与 20 世纪稻田养鱼方式相比，新时期稻渔综合种养主要有以下发展：①采用种养结合，通过保持和改善生态系统动态平衡，努力提高太阳能利用率，促进物质在系统内的循环和重复利用，使之成为资源节约型、环境友好型、食品安全型的产业，产品为无公害的绿色食品或有机食品；②农民组织化程度高，连片作业，规模化经营，实施合作化、企业化、产销一体化。

四、特点趋势

与传统稻田养殖相比,新型稻渔综合种养模式具有三个特征。一是突出了以粮为主。水稻成为发展的主角,提出了田间工程不得破坏稻田耕作层,工程面积不超过稻田面积的10%,水稻种植穴数不减等技术要求。同时,积极发展有机稻,大幅度提升水稻收益,使水稻效益和水产效益达到平衡,从机制上确保农民种植水稻的积极性。二是突出了生态优化。生态环保是绿色有机品牌建设的前提保障,通过种养结合、生态循环,大幅度减少了农药和化肥使用,有效改善了稻田生态环境;通过与生态农业、休闲农业的有机结合,促进了有机生态产业的发展。三是突出了产业化发展。通过引进名、特、优水产品种,带动稻田产业升级,促进了规模化经营;采用了"科、种、养、加、销"一体化现代经营模式,突出了规模化、标准化、产业化的现代农业发展方向(表1-1)。

表1-1　传统稻田养殖与新型稻渔综合种养对照表

(朱泽闻等,2016)

项目		传统稻田养殖	稻渔综合种养
发展背景	发展模式	粗放的小农模式	产业化发展模式
	发展目标	增产、增收	稳粮、促渔、增收、提质、生态、可持续
	发展条件	稻田流转难	稻田流转政策明确、步伐加快
	应用主体	普通农户为主	种养大户、合作组织、龙头企业
技术内容	水稻品种	常规种植品种	按综合种养的要求筛选出来的品种
	水产养殖对象	鱼类(鲤、草鱼)	特种水产品(鳖、虾、蟹、鳅等)
	水稻栽插方式	常规种植	宽窄行,沟边加密,穴数不减
	水产养殖	常规养殖	健康养殖
	配套田间工程	鱼溜、鱼沟面积无限制	鱼溜、鱼沟面积限制定在10%以下,增加了防逃、防害设施

（续）

项目		传统稻田养殖	稻渔综合种养
技术内容	种养茬口衔接	简单	融合种植、养殖、农机、农艺的多方要求
	稻田施肥	以化肥为主	有机肥为主，水产生物粪便作追肥
	病虫害防治	以农药为主	生态避虫、一般不用农药
	产品质量控制	无规定	生产过程监控、标准化管理
	产品收获	常规	机收、生态捕捞
	产品加工	简单	精深加工
主要性能	水稻单产	无规定	不低于 400 千克
	产品质量	常规	无公害绿色食品或有机食品
	农药使用	与水稻常规种植无差别	减少 50% 以上
	化肥使用	与水稻常规种植无差别	减少 60% 以上
	单位面积效益	低	增收 100% 以上

近些年来，稻渔综合种养的快速发展，使得稻渔综合种养技术也得到了较大的提高。目前稻渔综合种养正在向着集约化、规模化、专业化和产业化的方向发展。

1. 集约化

稻渔综合种养的模式由以前的平板粗放式逐步向着高标准的稻田工程精养方式转变。近年来，各省农田水利基本建设和高标准农田建设取得明显成绩，有力推进了现代粮食产业基地和粮经复合现代产业基地建设，促进了优势特色效益农业集中连片发展，全面提升了现代农业发展水平。根据高标准农田技术规范建设的高产稳产农田"田成方、土成型、渠成网、路相通、沟相连、旱能灌、涝能排、土壤肥、无污染、旱涝保收"，为稻田综合种养工程奠定了基础。

2. 规模化

稻渔综合种养由自给型生产向适度集中连片转变，形成了一定规模的商品化稻田养殖基地。20世纪80年代,四川省的稻田养鱼曾是全国的典型,但因为田块太小、经营太散,每户收入不高。随着经济发展,稻田养鱼的性价比下降,养殖规模逐渐萎缩。现如今,水产品需求日益增加,但养殖水面已经接近饱和,只能在稻田中挖掘潜力。水稻规模化经营为稻田养鱼产业化发展提供了保障,稻田综合种养得以又在四川崇州地区全面展开。目前,崇州地区稻渔综合种养出现一批集中连片、规模化经营的稻田养殖基地,取得了良好的生态、经济效益,收获了成功果实。崇州地区的667公顷稻渔综合种养由34个合作社经营,每个合作社平均约有20公顷种养面积。很多合作社注册了自己的品牌商标,直接产业化经营,其规模化、商品化程度跟以前的"捡盐巴钱"有天壤之别。水稻与水产相结合,实现了食品安全、生态安全、农民增收、企业增效。

3. 专业化

各地以生产名、特、优新品种为主,从单纯的"稻鱼共生"发展为"渔稻禽""渔稻菜""渔稻藕"等综合生态养殖系统。一是养殖方式不断改进,品种结构调整加快,由单品种养殖转向立体生态养殖,由低标准转向高标准,不断探索新的养殖模式。二是开展了无公害稻田养殖示范,制定了养殖操作规程,稻田养殖工程逐渐标准化、规范化,稻田中的鱼沟普遍实行浅改深、窄改宽。三是稻田生态养殖的产业链条延长。利用稻渔耦合养殖技术研究与示范等科研项目的实施和开展,研发出稻渔综合种养标准化生产关键技术多套,涉及多个方面,包括集成配套水稻栽培新技术、特种水产品养殖关键技术、种养茬口衔接关键技术、优化施肥技术、病虫草害防控关键技术、水质调控关键技术、田间工程优化关键技术、配套捕捞关键技术、质量控制关键技术等,制定了国家行业技术标准,技术的产业化应用推动了稻渔综合种养产业的健康发展。

4. 产业化

随着体制的改革和创新,稻田养殖产前、产中、产后的一系列服务都得到了全面发展,出现了"龙头企业+农户""农业共赢制+稻渔综合种养""农业园区+稻渔综合种养""新型经营主体+稻渔综合种养"等模式，形成了从生产到流通再到市场的产业化经营体系。主要体现在三个方面：一是产区相关产业建设步伐加快；二是水产运销队伍不断壮大；三是稻田生态养殖促进了水产专业协会、合作社的形成和发展。

5. 品牌化

近年来，随着人们对绿色、有机、无公害食品需求的不断增长和稻田养殖技术的日益完善，各地出现了一批稻渔综合种养大户，种养规模从几十公顷到几百公顷不等。这些种养大户注册自己的品牌，以绿色、有机、无公害的优质农产品取信于消费者，培养自己忠实的客户，取得了可观的经济效益、生态效益和社会效益。例如，四川省江油市贯山镇稻渔综合种养示范基地的稻谷和鱼分别取得了绿色和无公害认证，注册了"贯福生态米""贯福生态鱼""福有余"牌生态鱼和"太白蟹"商标，有效提升了产品价值。到2015 年底，全镇以清平村为核心，发展标准化稻田养鱼（虾、蟹）157.8 公顷，产鱼（虾、蟹）700 吨，总收入 1 499 万元，增长41.9%，纯收入 744 万元，增长 36.4%。仅此一项就为全镇农民人均增加纯收入 144 元，并形成了蟹、鱼、虾三大水产养殖品牌。同时，还带动休闲旅游消费 2 000 余万元，综合效益突出，已成为远近闻名的"稻香鱼村"。又如浙江省"青田田鱼"已被核准注册地理标志证明商标，成为青田县的第二枚地理标志证明商标。据不完全统计，销往国外的田鱼干达 100 多吨，主要出口意大利、法国、巴西等 20 多个国家和地区。

第二章

稻鱼综合种养技术

第一节 稻鱼综合种养工程 设施与农作制设计

一、农作制设计

稻鱼综合种养以水稻生产为主,同时养殖水产动物,是种植业和养殖业有机结合的一种新型生态种养方式。这种方式既提高了单位稻田面积的产出率,又为鱼生长提供了良好的生态环境。目前,养鱼环节中鱼的逃逸、越夏越冬、饲料供应、生态管理,作物种植中虫害、草害、肥料损失、稻田灌溉等方面的问题已随着技术的配套发展得到解决。

我国水稻种植区域分为华南双季稻稻作区、华中单双季稻稻作区、西南单双季稻稻作区、华北单季稻稻作区、东北早熟单季稻稻作区和西北干燥区单季稻稻作区等6个稻作区域,各个稻作区域有不同的稻鱼综合种养模式,此外,我国幅员辽阔,水稻具有不同的熟制:寒温带一年一熟,中温带一年一熟,暖温带一年一熟至两年三熟,亚热带一年二至三熟,热带一年三熟,青藏高原区部分地区一年一熟。在不同稻作区域和不同熟制的影响下,形成了不同的稻鱼综合种养模式。本书以水稻熟制为主线,将稻鱼综合种养模式分为单季稻鱼综合种养模式、稻-油/麦/菜鱼综合种养模式、双季稻鱼综合种养模式、再生稻稻鱼综合种养模式。

（一）单季稻鱼综合种养模式

单季稻鱼综合种养模式即一年种植一季水稻，在种植水稻的同时养鱼。例如，我国东北地区的寒地稻田养鲤模式，一般于5月中下旬水稻移栽后投放鱼苗，于9月上旬排水捕鱼。此外，在我国部分地区还有利用冬闲田进行稻田养鲤、鲫、罗非鱼等模式，如福建省武平县永平乡是单季稻生产区，每年的8月水稻收割后稻田一直闲置到翌年的5月上中旬，因此当地有利用冬闲田养鲤传统方式，一般于当年9月放养鱼苗，翌年5月进行捕捞。

（二）稻-油/麦/菜鱼综合种养模式

稻-油/麦/菜鱼综合种养模式是指在稻、麦或油菜两熟的水旱轮作田中养鱼，即同年内种植一季水稻轮作一季油菜、小麦或蔬菜的水旱轮作模式（彩图1）。如成都平原于4月中上旬播种水稻，8月底至9月上旬收割。在水稻移栽前（约5月上旬）就可放养鱼苗。在水稻移栽前的这段时间，鱼暂养在鱼溜或鱼凼中。经过近5个月的养殖，即9月下旬至10月上中旬可捕捞。油菜播种时间一般在9月下旬至10月中上旬，但早熟油菜品种播种可延迟至10月底，这样可延长稻田所养鱼的生长时间，翌年4月下旬至5月上中旬收割。小麦播种时间视地域和品种而定，晚熟小麦于10月下旬至11月中旬播种，翌年5月中旬前收获。

（三）双季稻鱼综合种养模式

双季水稻种植是一年内种植和收获两季水稻，双季稻多分布于我国华南地区，分为早稻和晚稻。早稻选用生育期适宜的品种，如我国广西桂南稻作区是主要的双季超级稻主产区，早稻在2月下旬至3月中旬播种，晚稻在6月下旬至7月中旬播种。早稻在3月下旬至4月上旬移栽，晚稻在7月下旬至8月上旬移栽。我国湖南地区有晚稻套作早稻的多熟制栽培技术，早稻3月中下旬播种、4月下旬移栽、7月中旬收割。晚稻一般于在早稻秧苗返青后放养鱼苗。前茬水稻收割前5～12天于前茬稻田内套条直播晚稻种子，早稻与晚稻套种共生。这段时间，鱼仍生活在大田的鱼溜或鱼凼中，不影响其正常生活。鱼苗经过近6个月的养殖可在后茬水稻收割前捕捞。

(四)再生稻稻鱼综合种养模式

单季稻＋再生稻稻鱼综合种养模式即种植中熟的水稻品种,收割后蓄留再生稻,适当延长水稻和鱼的共生期,进一步提高土地利用效率的生态种养模式。如广西壮族自治区三江县"超级稻＋再生稻＋鱼"综合种养技术模式,水稻在3月下旬播种,4月下旬移栽,7月上旬抽穗扬花,8月中下旬成熟收获;收割后蓄留再生稻,8月中下旬萌芽,9月上中旬抽穗扬花,10月下旬收割;5月上旬投放鱼苗,再生稻收获后收鱼,也可留鱼过冬,第二年春季收获。此外,该模式在浙江青田、四川宜宾和邛崃地区等均有分布,因各地的生态条件不同,水稻播栽时间和鱼苗投放时间均有差异。

二、稻田的选择与设计

(一)稻田的选择

1. 水源水质要求

水源要求水量充足,水质良好无污染,有独立的排灌渠道,排灌方便,遇旱不干、遇涝不淹,能确保稻田有足够水量,水质能得到有效调控。

2. 土质要求

一方面要求保水力强,无污染,无浸水,不漏水(无浸水的砂壤土田埂加高后可用尼龙薄膜覆盖护坡),能保持稻田水质条件相对稳定;另一方面要求稻田土壤肥沃,有机质丰富,稻田底栖生物群落丰富,能为鱼类提供丰富的饵料生物。土壤如果呈弱酸性,进行稻田养鱼时可施用生石灰来调节水体酸碱度,以达到养鱼水体弱碱性的要求。

3. 面积大小

养鱼稻田对稻田的面积没有严格限制,以方便管理为宜。

4. 光照条件

光照充足。稻谷的生长要有良好的光照条件进行光合作用,鱼类生长也要有良好的光照,因此养鱼的稻田一定要有良好的光照条件。但在我国南方地区,夏季十分炎热,稻田水又浅,午后烈日下的稻田水温常常可达 40～50℃。而 35℃ 以上即可严重影响鱼的正常生长,因此在浅水的鱼溜上方需搭建一定的遮阳设施。若鱼沟、鱼凼较深,水温不易达到 35℃,则不需搭建遮阳设施。遮阳设施应根据各地具体情况具体考虑。

(二)稻田的设计

1. 平作式

平作式即传统的稻作模式,水稻移栽前平整稻作区域田块,做好除草工作,均匀翻耕土壤,保证田平、泥软,施入底肥,移栽后待秧苗返青,适时放入鱼苗。适宜采用免耕栽培的田块则不需要进行耕整,只需在移栽秧苗前喷施除草剂灭草(以不影响鱼苗生活为原则),灌水施肥后就可插(抛)秧苗。

2. 垄作式

垄作式即利用机械将稻田改造成宽 60 厘米(含沟宽)左右的垄,垄坡上种植水稻(行距约为 17 厘米,株距约为 10 厘米;水稻种植行的方向与垄的延伸方向一致)。由于垄作可使各行的水稻植株生长在不同的平面范围内,植株间通风透光,所以能密植栽培。垄作稻是利用旱作的方式起垄、灌水、浸润、钵苗摆栽。起垄采用专用的起垄机起垄,一次成型,减轻劳动强度,能大面积推广多熟制稻鱼综合种养新技术,且与常规稻田养鱼相比,垄作不需要在稻田间挖鱼沟,直接利用垄沟相连。起垄后即可放水泡田,水位不宜过高,没过垄台即可,一般泡 6 小时后不需其他作业即可进行水稻插秧。技术要点是耙地要细,为避免耙地起浆,需提前 5～7 天泡田。

垄作稻田养鱼具有一定的优势,如:

(1)容水量增加 垄作比平作稻田容水量增加,能避免高温期伤害鱼苗。水量多,天然饵料也多,对鱼生长有利。

(2)协调稻鱼之间矛盾 水稻要浅水、干湿交替管理栽培,鱼要深水,垄作恰好解决了稻鱼之间的矛盾。

（3）光照　垄沟相间，通风透光，垄作可使水稻三面受光，增加光照面积，从而增加地温，特别是春季低温寡照的年份效果尤为明显。此外，还有利于浮游植物进行光合作用，将无机养料转化成有机饵料，促进鱼生长。

（三）稻田的改造

1. 平作田

平作田田埂要加高加固，一般要高达 40 厘米以上，捶打结实、不塌不漏。一些鱼有跳跃的习性，有时会跳越田埂。另外，一些食鱼的鸟也会在田埂上将稻田中养殖的鱼啄走，同时，稻田时常有黄鳝、田鼠、水蛇打洞穿埂，引起漏水跑鱼。因此，农田整修时，必须将田埂加高增宽，夯实打牢，必要时采用条石或三合土护坡。田埂高度视不同地区、不同类型稻田而定：平原地区应高出稻田 50～70 厘米，保证坚固牢实，形成"禾时种稻，鱼时成塘"的田塘优势。在加宽的田埂上可以种植玉米、苏丹草等青饲料。

2. 垄作田

（1）垄向　作垄方向主要依水流方向、风向确定。正冲田和低台田垄向应顺水流方向，以利排洪和灌溉；挡风口田垄向垂直于风向，以防倒伏；坳田、高田要沿田四周作 2～3 条垄，防止漏水。

（2）作垄时间　冬水田作垄种水稻，第一次宜在插秧前 10～30 天进行，到插秧前 2～3 天再整理一次，深脚烂泡田要多做几次才能成型。两季稻田作垄在前季收后随即进行。

（3）作垄规格　根据水田的种植轮、间、套方式，种植、养殖配套方式以及田块肥力水平确定。双季稻或稻/油菜，作垄规格是垄宽（一埂一沟）60 厘米，垄高 30～50 厘米。

（4）操作　拉线起垄，尽量保持土壤原状结构。垄面做到"大平小不平"，切忌把泥抹光，畦面不要做成瓦背状，全田垄面应在同一水平线上。田内灌水不能过深，但也不能把水全部放光。可在作垄时施有机肥和基肥。

三、田间工程

（一）稻田的选择及规划设计

1. 稻田的条件

平原上凡是水源充足、水质良好、保水能力较强、排灌方便、天旱不干、山洪不冲的田块都可以养鱼。沙底田不宜采用"田函"的方式，潜育化稻田、冷浸田，可采取"垄稻沟鱼"的养殖方式。

2. 加高、加宽田埂

由于一些鱼有跳跃的习性，食鱼的鸟会将田中的鱼啄走，同时，稻田中常有黄鳝、田鼠、水蛇打洞引起漏水跑鱼。因此，在农田整修时，必须将田埂加宽、加固、增高，必要时采用条石或三合土护坡。

稻田起垄，垄上种稻，沟内养鱼（图2-1）。

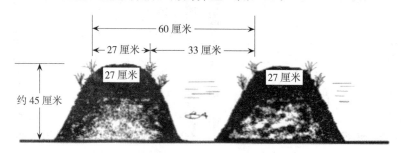

图 2-1　稻田养鱼田间横截面示意（水稻垄作栽培）

3. 开挖鱼函、鱼沟、鱼道涵洞

为满足稻田浅灌、晒田、施药治虫、施化肥等生产需要，或遇干旱缺水时使鱼有比较安全的躲避场所，需要开挖鱼函和鱼沟。这是稻田养鱼的一项重要措施。鱼函面积占稻田面积的8%左右，每田一个，由田面向下挖深1.5～2.5米，由田面向上筑埂30厘米，鱼函面积50～100米²，视稻田面积而定。田块小者，可几块田共建一函，平均每667米²稻田拥有鱼函面积50米²。鱼函位置以田中为宜，不要过于靠近田埂，每函四周有缺口与鱼沟相通，并设闸门可以随时切断通道。视田块大小，可以开挖成环形、"一"字形、

"十"字形或"井"字形等鱼沟（图 2-2 至图 2-6，彩图 2 和彩图 3），沟宽 1.5 米，深 1.8 米。同时开挖一个 $10\sim20$ 米^2 的鱼凼。鱼沟、鱼凼的面积占稻田面积不超过 10%，并做好进、排水口，另根据田块大小设溢洪缺口 $1\sim3$ 个。进、排水口一般开在稻田的相对两角，进、排水口大小根据稻田排水量而定。进水口要比田面高 10 厘米左右，排水口要与田面平行或略低一点。平原地区有条件的稻田进、排水应分开，不应串灌。

为了实施规模化和机械化作业，保证环沟水流通畅，使鱼类能正常活动，建议修建鱼道涵洞。在机械下田作业的一方要安放直径为 80 厘米左右的加筋砼管，比环沟底部高出 30 厘米左右，避免淤泥堵塞砼管，素土回填夯实机械下田通道，保证机械能顺利上下田操作。

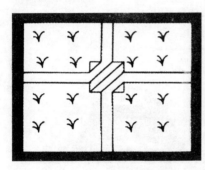

图 2-2 "十"字形鱼沟

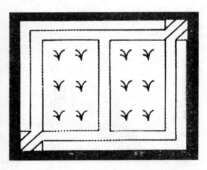

图 2-3 "日"字形鱼沟

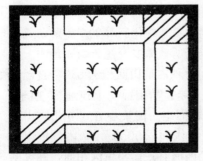

图 2-4 "井"字形鱼沟

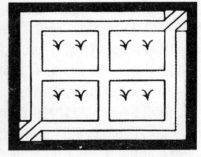

图 2-5 "田"字形鱼沟

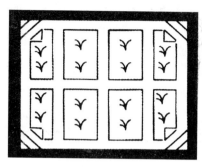

图 2-6　"围"字形鱼沟

4. 安装拦鱼栅

稻田进、排水口应设在相对应的两角的田埂上，使水流畅通。进、排水口应当筑坚实、牢固，安装好拦鱼栅，防止鱼逃走和野杂鱼等敌害进入养鱼稻田。拦鱼栅一般可用竹子或铁丝编成网状，其间隔大小以逃不出鱼为准，拦鱼栅要比进、排水口宽 30 厘米左右，拦鱼栅的上端要超过田埂 10～20 厘米，下端嵌入田埂下部硬泥土 30 厘米左右。

5. 越冬与越夏设施

（1）遮阴棚　稻田水位浅，尽管开挖了鱼沟，但在夏秋烈日下，水温最高可达 39～40℃，导致鱼类难以忍受。因此，建议在鱼沟上搭设遮阴棚，以防止水温过高不利于鱼的生长。

（2）越冬准备　在稻田四周开好环沟（彩图 4），田中间开好"十"字形沟或"井"字形沟。在北方寒冷地区，有的鱼种达不到商品鱼规格，当年出售经济效益低，留至来年采捕就必须准备越冬管理。有的稻田养鱼与坑塘相连，则没有必要开挖田沟，但不具备坑塘相连条件的，就必须开挖好田沟，而且比温热带地区要适当加深。水稻收割后，田间要加足水，在寒冷的地方，结冻前要在田沟和"十"字形沟或"井"字形沟中间放上捆扎好的稻草捆，以备冬季增氧；大雪天还需破冰打洞，以防严重缺氧。

6. 搭建饵料台

搭建饵料台是为了观察鱼类吃食活动情况和避免饵料浪费，每一田块需搭建1～2个饵料台。用直径为5厘米的PVC管做成边长1.0～1.5米的正方形或长方形饵料台，固定于环沟中。

7. 安装其他配套设施

稻田养鱼要配备抽水机、泵，准备养殖用鱼筛、渔网等，建造看管用房等生产、生活配套设施。

第二节　稻鱼综合种养的水稻栽培与管理

一、水稻栽培与管理模式设计

（一）常规水稻种植模式

1. 人工栽插

人工栽插水稻是我国传统的水稻栽培模式，因其应用条件简单，生产环节稳定，对地形地貌要求不高，在我国被广泛应用。人工栽插水稻，在秧苗移栽前需要灌水、翻地，平整田面，做到底肥充足（有机肥与无机肥结合，速效肥与迟效肥搭配）、田平、泥熟、水浅（寸水不露泥），田内无残茬，四周无杂草。也可根据当地生产实际采用免耕的方式。人工栽插的方式主要分为等距正方形栽插、宽行窄株的长方形栽插、宽窄行相间栽插。宽窄行相间栽插有利于改善田间通风透气的条件，同时利于鱼苗在田间穿行。人工插秧要做到插得浅，行株距直，每窝栽插苗数匀，秧苗不漂、不浮，少植伤。

2. 抛秧

水稻抛秧技术是利用根部的重力作用将秧苗定植田间，可实现小、中、大苗壮秧带土抛钉至大田，促进早播早栽，降低生产成本，减轻劳动强度，实现水稻节本增收。抛秧采用钵盘育秧的方式，抛秧时应注意选择适宜的秧龄和抛栽天气，避免水稻长秧龄抛秧。抛秧要做到分批次、匀抛秧。在稻鱼综合种养模式下，需根据稻田面积和养鱼规模合理设置抛栽培密度，避免因密度配置不合理导致鱼苗生长发育受到影响。

3. "三角形"强化栽培技术

近年来，四川地区研究提出了水稻"三角形"强化栽培技术体系，多年的试验与生产示范表明，该体系更能充分发挥水稻增产潜力获得超高产。水稻"三角形"强化栽培是指行间错窝呈大三角形，单窝呈等边三角形栽 3 株、株距 8～12 厘米的"稀中有密，密中有稀"的栽植方式。"三角形"强化栽培宜采用旱育秧的育秧方式，根据不同的环境条件选择适宜的秧龄和栽植密度。移栽前平整田块、施入底肥，移栽时合理稀植，做到稀中有密，密中有稀，促进分蘖，提高有效穗数。这项技术在我国适应性强，增产效果好，改善了田间的通风效果，降低了发病率，增加了水稻植株的光合作用，提升了根系活力，加快了营养物质的运输，从而提高了稻谷的产量。稻鱼综合种养模式采用"三角形"强化栽培技术，有利于提高经济效益，同时改善鱼苗在秧田的生存环境。

4. 机插秧

目前，我国水稻生产面临着向高产、优质、高效、生态、安全的多元化的目标转型的任务，提高生产效率、减少劳动力成本、节约生产资料成为水稻生产的发展要求。采用机械化的生产方式是实现这一目标的有效途径。机插水稻需选择当地推广的主栽品种，以高产、优质、多抗的品种最适宜。机插水稻的大田整地质量要做到田平、泥软、肥匀。通过旋耕机、水田驱动耙等耕整机械将田块进行耕整，达到田面"整洁"。栽插时严防漂秧、伤秧、重插、漏插，把漏插率控制在 5% 以内，连续缺穴 3 穴以上时，应进行人工补插。机插后及时进行人工补缺，以减少空穴率和提高均匀度，确保基本苗数。返青后水分管理需同鱼苗养殖结合。

5. 直播稻

水稻直播就是不进行育秧、移栽而直接将种子播于大田的一种栽培方式。直播是一种古老的水稻种植方式。我国采用直播栽培已经有几千年的历史。与人工移栽水稻相比，直播具有省工、省力等特点。随着现代农业的进步，如农田高效化学除草剂的研发，我国的直播稻种植面积也正在逐年扩大。但直播水稻在稻渔综合种养中的应用仍处于探索阶段。直播水稻对管理水平和技术要求较高，为此稻鱼综合种养选择直播水稻时应慎重。

6. 再生稻

再生稻是在上一季水稻收割后，对稻桩上的休眠芽抽生出来的再生蘖加以培育，使其出穗成熟的一种栽培方法。现在南方不少中稻区利用"两季不足，一季有余"的温光资源蓄留再生稻，既不影响冬种，又能获得一季好收成，具有省工、省种、省肥、省秧田等优点。再生稻宜采用旱育秧栽培，为再生稻早发、高产创造条件，要合理密植，加强田间管理，增加有效穗数，为第二季多发再生苗打下基础。再生稻的产量与头季水稻关系密切，必须合理安排头季稻播种期，确保在再生稻安全齐穗前 25～30 天收割完毕。如果不能在这一时段成熟，就有遭遇寒露风而造成大量空壳减产或失收的危险。处理好头季稻后期水肥和病虫防治，促进腋芽的萌发和健壮生长，多发腋芽并形成再生苗。

（二）稻鱼综合种养的水稻栽培与管理新技术

目前，我国南方稻田 95% 以上的种植面积采用平作，其特点是基肥浅施、大水漫灌、田间湿度大、病虫害发生严重、土壤长期处于缺氧状态，且容易积累还原性有毒物质等，造成养分、水资源的浪费，病虫害防治难度大，土壤状况影响水稻生长等不良后果。另外，南方部分冷水田水温太低，使水稻在冷水中生长速度过慢，严重影响稻谷产量。现有栽培方式不能有效地解决秋播茬口劳动力短缺和种植方式造成的生育期农耗等问题，高产优质品种的产量潜力难以发挥，为解决以上问题并科学有效地推行稻鱼综合种养等技术，最大限度地提高水稻生产的附加值，特提出稻鱼综合种养中水稻栽培与管理新技术方法——水稻垄作栽培技术。

水稻垄作栽培技术，通过改变稻田的微地形，增加土地利用面积，扩大田面受光总面积，采用自然蓄水进行半旱式浸润灌溉，使沟内水容量增加，在不减少水稻种植面积和不专门设置养鱼凼沟的前提下，便于稻田养鱼。水稻垄作栽培使土体内形成以毛管上升水为主的供水体系，土壤的通透性加强、温度提高，有利于微生物活动、增加有效养分，土体内水、肥、气、热协调，同时能有效降低田间相对湿度，减少病虫害的发生。起垄时肥料集中于垄中，有利于根系吸收，能够达到提高产量、养分和水资源利用效率的目的，也为水稻种植应对气候变化提供了一条新的途径。水稻起垄栽培方法具体操作过程：先将一半的基肥撒施在稻田中，利用起垄机起垄的过程，将肥料集中并深施于土壤中，从而避免肥料的大量流失；灌深水泡软土壤后，插植秧苗。对种植在垄上的秧苗进行后续培育，直至作物成熟、收获。全程采用自然蓄水半旱式浸润灌溉的水分管理方法。病虫害防治按当地病虫害预报进行。

（1）大田起垄　为实施起垄栽培，在施足基肥的稻田中用起垄机起垄。如图 2-7 所示，相邻两条垄的距离为 65 厘米，垄高 H 为 30～50 厘米；垄的两侧均为斜面（C 及 D），垄的横断面约为等腰三角形。每一侧面种植 2～4 行水稻秧苗，株距为 8～12 厘米，行距 L 为 15～18 厘米，每穴 2～3 苗。对稻苗进行后续培育，直至成熟。

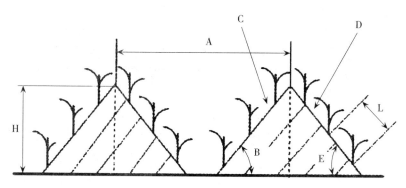

图 2-7　起垄栽培的田间横断面示意
A. 相邻两条垄的距离　B 和 E. 45°左右的夹角
C 和 D. 斜面　H. 垄高　L. 行距

(2) 追肥的施用及病虫害管理　追肥分三次进行。水稻移栽返青后 3 天左右以及水稻幼穗分化期、抽穗期，按要求分别施入一定量的分蘖肥、促花肥、保花肥，减少施用碳铵、磷铵等刺激性强的化肥。在水稻生长的中后期，采用物理防治和药剂防治相结合的方法防治突发病虫害。药剂注意选用高效低毒、对鱼和环境友好型的农药，同时用药期间对鱼进行短暂的隔离和集中。下雨前不要施农药。在喷洒农药前适当加深田水，以稀释落入水中农药的浓度。施药时喷嘴要斜向稻叶或朝上，尽量将药喷在稻叶上，这样既利于提高防治病虫效率，又可减少药物落入水中对鱼造成危害。水稻起垄栽培技术可减少稻田养殖的耗水量，又不影响鱼的正常生长活动，还降低了由于长期淹水的甲烷排放量，实现鱼粪等有机肥直接还田，减少了农药、化肥的使用量，从而减少了农药、化肥造成的环境污染。

二、品种与搭配

稻鱼综合种养模式中，品种的选择与搭配至关重要。我国不同的稻作区域和不同熟制下形成了不同的稻鱼综合种养模式。品种搭配要考虑当地的气候条件、环境条件、生产技术条件、作物品种特性等。本书以单季稻鱼综合种养模式、稻-油/麦/菜鱼综合种养模式、双季稻鱼综合种养模式、再生稻稻鱼综合种养模式为例，结合相关文献简单列举一些适宜的品种，供读者参考。

(一) 单季稻鱼综合种养模式

单季稻鱼综合种养模式一年种植一季水稻，该种模式主要分布于我国华北单季稻稻作区、东北早熟单季稻稻作区和西北干燥区单季稻稻作区，此外也不乏我国南方稻作区中冬季休耕区域。水稻品种选择应根据当地气候条件。这里主要针对华北单季稻稻作区和东北早熟单季稻稻作区等典型区域介绍水稻品种的选择。

1. 武运粳 23 号

该品种为抗病、抗倒、高产的优秀品种，适宜在江苏省沿江及苏南地区中上等肥力条件的土壤种植。2007—2008 年参加江苏省区域试验，结果表明该品种全生育期 159 天左右，平均每 667 米² 有效穗 20.4 万穗左右，每穗实粒数 126 粒左右，千粒重 26 克左右。米质达国家《优质稻谷》标准（GB/T 17891—1999）3 级。2010 年 2 月通过江苏省农作物品种审定委员会审定，审定编号：苏审稻 201014。

2. 长白 19 号

长白 19 号 2007 年经吉林省农作物品种审定委员会审定通过，审定编号：吉审稻 2007002。该品种为中早熟品种，生育期 132 天左右，需日平均气温≥10℃，积温 2 600℃左右。平均株高 101.7 厘米，株形较收敛，叶色较绿且较宽，平均穗粒数 107.7 粒，千粒重 24.9 克。米质符合三等食用粳稻品种品质规定要求。适宜在吉林省中早熟区种植。

（二）稻-油/麦/菜鱼综合种养模式

该种植模式主要集中在我国华中单双季稻稻作区、西南单双季稻稻作区。这里主要以这两个稻作区域中的典型代表四川省为例展开介绍。

1. 宜香优 2115

宜香优 2115 为籼型三系杂交水稻品种，2012 年通过国家审定，审定编号：国审稻 2012003。该品种平均全生育期 153.5 天。每 667 米² 有效穗数 15.0 万穗，株高 117.4 厘米，穗长 26.8 厘米，每穗总粒数 156.5 粒，千粒重 32.9 克。米质达到国家《优质稻谷》标准（GB/T 17891—1999）2 级。栽培过程中要重点做好稻瘟病、纹枯病、稻螟、稻飞虱等病虫害的防治。适宜在云南、贵州（武陵山区除外）、重庆（武陵山区除外）的中低海拔籼稻区、四川平坝丘陵稻区、陕西南部稻区作一季中稻种植。

2. F 优 498

该品种属籼型三系杂交水稻。在长江上游作一季中稻种植，2011 年通过国家审定，审定编号：国早稻 2011006。经审定，该品种全生育期平均 155.2 天。株高 111.9 厘米，穗长 25.6 厘米，每

667 米² 有效穗数 15.0 万穗,每穗总粒数 189.0 粒,千粒重 28.9 克。米质达到国家《优质稻谷》标准(GB/T 17891—1999)3 级。栽培过程中要注意及时防治稻瘟病、纹枯病、螟虫、稻飞虱等病虫害。该品种适宜在云南、贵州(武陵山区除外)、重庆(武陵山区除外)的中低海拔籼稻区、四川平坝丘陵稻区、陕西南部稻区的稻瘟病轻发区作一季中稻种植。

(三)双季稻鱼综合种养模式

该种植模式主要集中在我国华南双季稻稻作区和西南单双季稻稻作区。双季水稻种植分为早稻和晚稻,主要介绍以下品种:

1. 早稻品种

(1)中嘉早 17 该品种属籼型常规水稻。在长江中下游作双季早稻种植,2009 年通过国家审定,审定编号:国审稻 2009008。该品种全生育期平均 109.0 天,株高 88.4 厘米,每 667 米² 有效穗数 20.6 万穗,穗长 18.0 厘米,每穗总粒数 122.5 粒,千粒重 26.3 克。该品种熟期适中,高感稻瘟病,感白叶枯病,高感褐飞虱,感白背飞虱,米质一般。适宜在江西、湖南、安徽、浙江的稻瘟病、白叶枯病轻发的双季稻区作早稻种植。

(2)陵两优 268 该品种属籼型两系杂交水稻。2008 年通过国家审定,审定编号:国审稻 2008008。该品种适宜在长江中下游双季稻区作早稻种植。全生育期平均 112.2 天,株高 87.7 厘米,每 667 米² 有效穗数 22.8 万穗,穗长 19.0 厘米,每穗总粒数 104.7 粒,千粒重 26.5 克。该品种熟期适中,感稻瘟病和白叶枯病,中抗褐飞虱和白背飞虱,米质一般。适宜在江西、湖南以及福建北部、浙江中南部的稻瘟病、白叶枯病轻发的双季稻区作早稻种植。

2. 晚稻品种

(1)黄华占 该品种属常规迟熟中籼型水稻,2007 年通过湖南省农作物品种审定委员会审定,审定编号:湘审稻 2007018。在湖南省审定试验中,全生育期 136 天左右,株高约 92 厘米,每

667 米² 有效穗 17.4 万穗，每穗总粒数 157.6 粒，千粒重 23.5 克。该品种抗寒能力较强，抗高温能力较强，高感稻瘟病。适宜在湖南省稻瘟病轻发的山丘区域作中稻种植。

（2）天优华占　该品种为籼型三系杂交水稻，2012 年通过国家审定，适宜在华南作双季早稻种植。全生育期平均 123.1 天。每 667 米² 有效穗数 19.7 万穗，株高 96.3 厘米，每穗总粒数 141.1 粒，千粒重 24.3 克。米质达到国家《优质稻谷》标准（GB/T 17891—1999）3 级。适宜在广东中南及西南，广西桂南和海南稻作区白叶枯病轻发的双季稻区作早稻种植。根据中华人民共和国农业部公告第 1655 号，该品种还适宜在江西、湖南（武陵山区除外）、湖北（武陵山区除外）、安徽、浙江、江苏的长江流域稻区、福建北部、河南南部稻区的白叶枯病轻发区和云南、贵州（武陵山区除外）、重庆（武陵山区除外）的中低海拔籼稻区、四川平坝丘陵稻区、陕西南部稻区的中等肥力田块作一季中稻种植；广西中北部、广东北部、福建中北部、江西中南部、湖南中南部、浙江南部的白叶枯病轻发的双季稻区作晚稻种植。

（四）再生稻稻鱼综合种养模式

1. 丰两优 4 号

该品种属籼型两系杂交水稻。2009 年通过国家审定，审定编号：国审稻 2009012。该品种适宜在长江中下游作一季中稻种植，全生育期平均 135.3 天，株高 124.8 厘米，每 667 米² 有效穗数 16.1 万穗，每穗总粒数 180.6 粒，结实率 79.7%，千粒重 28.2 克。米质达到国家《优质稻谷》标准（GB/T 17891—1999）2 级。该品种熟期适中，产量高，高感稻瘟病，感白叶枯病，高感褐飞虱，米质优。适宜在江西、湖南、湖北、安徽、浙江、江苏的长江流域稻区（武陵山区除外）以及福建北部、河南南部稻区的稻瘟病、白叶枯病轻发区作一季中稻种植。

2. C 两优华占

C 两优华占为籼型两系杂交水稻品种。2015 年通过国家审定，审定编号：国审稻 2015022。该品种适宜在长江中下游作一季中稻种植，全生育期 136.1 天，株高 112.5 厘米，穗长 24.4 厘米，每667 米² 有效穗数 18.5 万穗，每穗总粒数 199.6 粒，千粒重 23.0克。该品种穗期耐冷性弱，应适时早播；及时防治螟虫、稻飞虱、稻曲病、稻瘟病等病虫害。适宜江西、湖南（武陵山区除外）、湖北（武陵山区除外）、安徽、浙江、江苏的长江流域稻区以及福建北部、河南南部作一季中稻种植。

三、育秧与移栽

目前我国水稻育秧主要有水育秧、湿润育秧、旱育秧以及塑料薄膜保温育秧、塑料盘育秧等多种形式。直播稻方式节省了育秧环节，手栽秧苗主要为水育秧、旱育秧、湿润育秧等；抛秧和机插秧受制于机械操作方式，采用塑料盘育秧。本书主要介绍目前在我国推广面积较大的旱育秧和塑料盘育秧两种方式。

（一）旱育秧（以成都平原为例）

1. 育秧准备

苗床应选择肥沃向阳，有机质含量高，排灌方便，土质疏松透气的旱作菜地；忌用肥力较差而又板结的水作田块。旱秧按秧本比1∶20、抛秧按秧田与本田比 1∶40 留够苗床地。按每 667 米² 苗床施尿素 10 千克、过磷酸钙 30～40 千克、氯化钾 10 千克，结合整地，全层均匀旋耕施入床土内。

2. 精整苗床

苗床力求精耕细作，全层翻耕。争取早翻耕、早炕田，按指标施足底肥，翻耕时施入上述所需肥料，力求全层施肥、分布均匀。苗床整地过程中，应捡除苗床内外的残茬杂物。理通四周围沟，按 1.7 米开厢，沟宽 0.4 米做成"条盘型"苗床，且保证播种厢面宽不少于 1.3 米。要求苗床厢面要平，厢土要细，且上紧下松。

（1）播种期确定　应做到适期播种。播种过早，气温地温都偏低，不利于种子生长，幼苗抗性降低，易感立枯病；播种过迟，对后期的齐穗和扬花安全系数有很大影响。

（2）浸种消毒　先用清水捞出浮于水面的空壳和秕籽，再用20％"三环唑"1 000倍液浸种36小时后滤出稻谷，然后用清水漂洗种子，继续浸种12小时后捞出，适当摊晾待播。

（3）"旱育保姆"种子包衣技术　种子包衣时应提前滤种，晾去多余的水分，并按标准进行种子包衣，即1袋（350克）"旱育保姆"药剂包衣1千克种子。要求在容器内将种药反复多次搅拌，直至药剂均匀包裹在种子上为止。

（4）浇足底水　播前先将苗床浇足底水，缓浸慢浇，使苗床土湿透。

（5）精细播种　采用分厢定量人工撒播，每667米² 大田用种1～1.25千克。旱秧用苗床30～40米²，抛秧用苗床15～20米²、秧盘45～60个。要求分次播种，力求均匀，盖种土厚度要求0.7～1厘米。

（6）搭拱盖膜　播种结束后，加适量敌克松进行面土消毒，每667米² 苗床用10毫升旱秧净兑5千克水喷于厢面，实施化学除草。按每间隔1米插1根竹弓，最好是边插弓边盖膜，防止长时间日晒造成水分蒸发过多过快而影响种子发芽出苗。

3. 秧床管理

（1）温度调控　播种至出苗的管理重点是控温保湿，一般不揭膜。出苗前，膜内温度应控制在32℃以内，出苗后温度应控制在25℃以内。第一叶展开后，应控温保湿。

（2）肥水管理　若气温偏高，土发白，叶卷筒，要适当补水。二叶一心期追施断奶肥，以后视苗情追施分蘖肥。苗床追肥以清粪水为主，先清后浓，秧苗长大后，可在粪水中适当增加一点尿素混合追施。

（3）炼苗　一叶一心开始炼苗，方法是先揭去两端或一侧薄膜，做到日揭夜盖。日均气温稳定通过15℃后可全揭膜，勿在烈日下陡然揭膜。若遇低温寒潮，应重新盖膜保温。

（4）施药健苗　秧苗长至三叶后，每 667 米^2 用 15% 多效唑可湿性粉剂 10 克兑水 5 千克喷雾，以达到矮化秧苗，防止徒长，促进分蘖的目的。喷药时注意匀喷，忌重喷、漏喷。

（二）单季水稻机插旱育秧技术（以江苏省为例）

1. 床土准备

栽插每公顷本田的秧苗需 1 050～1 500 千克营养土。提前取肥沃菜园土或疏松稻田表土浇入人畜粪尿，并加过磷酸钙 15 千克堆沤，然后风干打碎过筛。土壤 pH 应为 5.5～7.0，重黏土、粗沙土和 pH 大于 7.8 的土壤不宜作床土。播种前可用壮秧剂拌土调酸和消毒。选择壮秧剂时注意其类型和用量，且必须先试验其安全性；也可用敌克松消毒。

2. 育秧材料准备

塑料软盘育秧材料的准备：每公顷本田备塑料软盘 300～390 个。另备 2.0 米幅宽的农膜 60 米。

3. 播种期和播种量的确定

播种期要综合考虑茬口、秧龄、品种和当地的气候条件确定。机插秧的秧龄一般为 30～40 天，冬闲田和早茬口田的播种期与当地手插或抛秧一致，在适栽期提前栽插。油菜茬田则根据前作收获时间倒推 30～40 天播种。播种量主要由机械抓秧要求和秧苗素质决定，在满足抓秧的情况下，单位面积播种量越低，则秧苗素质越高。按成苗每平方厘米 1～2 株，平均 1.5 株计算，则每个秧块（58 厘米×28 厘米）需播 60～80 克，千粒重越低，播种量越小。

4. 种子处理

浸种前晒种 1～2 天。用水选法剔除不饱满种子，然后用杀菌剂兑水浸种 12～24 小时，清水洗净后播种。采用湿润育秧方式的种子，在 35～38℃ 保湿催芽至破胸率达 90%，催芽后置于阴凉处，摊晾炼芽 4～6 小时。

5. 机插旱育秧技术要点

（1）精做秧床　选择地势平坦、背风向阳、水源方便、土层深厚、肥沃疏松、运秧方便、便于操作管理的田块作育秧田，按照秧田与本田比 1∶（80～100）准备秧田。播种前翻（旋）耕秧田，整平整细。然后开沟做秧床，秧床宽 1.4 米，沟宽 0.4 米，沟深0.15 米。要求厢面平整，灌透底水。

（2）铺放衬垫物 采用双膜育秧，则在秧板上铺打孔地膜。沿秧板两侧固定木条，或在地膜上整齐摆放两排内径 58 厘米×28 厘米×2.5 厘米的木框或塑料拉接框定型。对于软盘育秧，则横排两排软盘，盘与盘的飞边重叠排放，盘底与床面紧贴，确保秧盘不变形，不翘边角。

（3）铺平底土 在衬垫物上铺平底土，厚度为 1.8～2.0 厘米（约 2.5 千克营养土），铺好后，用木条刮平，厚度要均匀一致。铺土后用洒水壶浇湿底土。

（4）均匀播种 已拌壮秧剂的底土可直接播种。而未拌壮秧剂的底土，则种子要用"旱育保姆"药剂包衣后播种。每个秧盘（58厘米×28 厘米）播干谷种 60～80 克（视品种和播期而定）。播种时要按秧床或秧盘面积称种，分次播匀。

（5）覆土 以未加壮秧剂的营养土覆盖种子，盖种厚度以不见种子为宜。清除盘间接缝处泥土，以防因串根而不易起秧。

（6）覆盖地膜 竹片起拱，竹弓间距 60～100 厘米，弓高 40～45 厘米，覆盖地膜，四周盖严掩实。

（7）苗期温度和水分管理 播种到出苗前，一般不灌水；出苗到二叶前，膜内温度应控制在 25℃ 以内，过高应通风降温。二叶期开始应看天气通风炼苗，并于三叶期左右彻底揭膜；重视早春的低温冷害和温度回升后的高温烧苗。勤浇水，前期均匀浇水，盘边可略重；后期主要浇盘边。

（8）病虫害及杂草防治 重点防止立枯病发生和蔓延，秧苗立针至二叶期喷药 1～2 次进行预防。根据病虫害发生情况，做好稻蓟马、苗瘟等常发性病虫害防治工作。手工拔除杂草和杂株，保证秧苗纯度。

（9）苗期追肥 揭膜后 1～2 天，每公顷苗床用尿素 75 千克兑水 7 500 千克，于傍晚浇施。移栽前 3～4 天，视秧苗长势施送嫁肥。每公顷苗床用尿素 120～150 千克，兑水 7 500 千克于傍晚浇施。秧苗叶色浓绿，叶片下披可免施。

（10）化控苗高　采用化控措施控制苗高。在一叶一心至二叶一心期用多效唑兑成 100～200 毫克/升的浓度喷施。

（三）双季水稻机插育秧技术（以江西省为例）

1. 育秧盘准备

宜使用长度为 58 厘米、宽度为 23.5 厘米左右与插秧机配套的机插育秧硬（软）盘，每 667 米^2 大田备 35～38 张。

2. 种子准备

早稻每 667 米^2 大田准备杂交稻种子 2.5～2.7 千克或常规稻种子 4.0～4.5 千克；晚稻每 667 米^2 大田准备杂交稻种子 1.8～2.0 千克或常规稻种子 3.0～3.5 千克。播前做好晒种、消毒和浸种工作，使种子吸足水分（吸收自身重量 25%～40% 的水分），露白后播种。

3. 育秧田准备

提倡集中育秧，选择地势平坦、灌溉便利、集中连片、便于管理的田块做秧田，按秧田与大田比 1∶（70～80）的比例留足秧田。精做秧板，板面高低落差不超过 1 厘米。秧板做好后适当晾晒，使床面沉实。播种前 1 天秧田灌平沟水，待秧板充分吸湿后迅速排干水。亦可在播种前直接用喷壶洒水，要求播种时土壤含水率 85%～90%。

4. 营养土准备

营养土的准备要根据基质的类型进行处理，生产中的基质主要有专用育秧基质、旱地土和泥浆 3 种类型。

5. 基质育秧

宜使用专用育秧基质育秧，购买质量可靠的水稻专用育秧基质，并按产品说明使用。已配备了水稻育秧所需肥料和生长调节剂的，使用时不添加其他化肥和生长调节剂，以免产生秧苗生长障碍。

6. 旱地土育秧

选择肥沃疏松、无杂物、病菌少，pH 在 4.5～6.5 的土壤作营养土，在含水率 10%～15%（手捏成团，落地即散）时过筛，土壤粒径在 5 毫米以下。按每盘 3.5 千克备足床土，每 100 千克床土均匀拌入养分含量为 45% 的复合肥（N：P_2O_5：$K_2O =$ 18：9：18，下同）200～350 克进行床土培肥。另外每盘备未经培肥的细土 0.8 千克作盖种土。

7. 泥浆育秧

宜在播种前 1～2 天，早、晚稻分别按每 667 米^2 秧田 40 千克和 20 千克往畦沟里撒施 45% 的三元复合肥，与畦沟里的泥浆搅拌进行培肥。或者摆盘前在制作好的秧板上加 45% 的复合肥，早稻一般用复合肥 90 克/米^2，晚稻一般用复合肥 60 克/米^2。

8. 播种期确定

根据各地气候条件、种植制度、品种生育期等综合确定播种期。早稻保温育秧条件下，播种期要求日平均温度稳定通过 10℃；晚稻播种期根据早稻收获期、晚稻安全齐穗期和秧龄进行推算。

9. 基质与旱地土播种摆盘

宜采用流水线机械播种，选用性能优良的播种机械，做好播前调试工作并精确计算每盘播种量。播种底土厚度控制在 2 厘米左右，覆土厚度控制在 0.3～0.5 厘米。播种后宜堆盘暗化出苗，然后摆盘上秧板，也可直接摆盘于秧板。

10. 泥浆育秧播种摆盘

泥浆育秧播种摆盘要按顺序摆好秧盘，摆盘时注意盘与盘飞边重叠，盘底与床面紧密贴合。摆盘后直接往育秧盘中加入经过培肥的表层泥浆，注意不能有石块、稻茬等杂物，装盘后刮平并沉实 2～5 小时后进行精细播种。使用复合肥及壮秧剂的秧板，宜在摆盘后直接装入未经培肥的泥浆，待泥浆沉实后精细播种。播种后用抹板将种子轻压入土。

11. 搭棚覆膜

早稻宜采用大型钢结构拱棚进行集中育秧，播种后膜内温度保持在 25～30℃，二叶一心期以后开始炼苗。晚稻可利用早稻育秧棚进行育苗，注意播种后应将膜的四周掀起，防止温度过高烧苗。

12. 水分管理

采用大型钢结构拱棚集中育秧的，摆盘前保持秧板湿润，摆盘后灌一次水，使秧板与秧盘内床土湿润，然后将水排干，之后保持盘土湿润。如盘土发白、秧苗卷叶，早晨叶尖无水珠，应及时灌水或喷水保湿。

采用露天湿润育秧的，播后灌平沟水、湿润秧板后，排干并保持秧畦湿润。晴好天气灌半沟水；阴雨天气排干水；大风暴雨等恶劣天气需灌水护苗；风雨过后及时排水；施肥、打药时灌平沟水；移栽前 3～5 天排干水，控湿炼苗。

13. 肥料施用与化学调控

对于叶色褪淡的秧苗，宜在移栽前 3～5 天施一次送嫁肥，每 667 米^2 用尿素 4～5 千克兑水 500 千克于傍晚洒施，施后洒清水进行洗苗，以防伤苗。基质中不含化控剂且秧龄预计超过 15 天的晚稻秧苗，宜在一叶一心期每 667 米^2 用 15％多效唑 75～100 克兑水 50 千克进行喷施控苗。早稻苗期重点防治立枯病、恶苗病等，晚稻苗期重点防治苗瘟、稻蓟马、灰飞虱、螟虫等。此外，早稻育秧期间还应重视青枯病的防控。

（四）育秧阶段水稻主要病虫害防治

秧苗期根据病虫害发生情况，做好防治工作。同时，炼苗时应及时拔除杂株和杂草，保证秧苗纯度。早播水稻因低温阴雨易产生病害，要加强预防。秧苗期主要病害有绵腐病、立枯病等。秧苗期主要病害防治措施介绍如下。

1. 绵腐病

绵腐病发病较早，一般在播种后 5～6 天即可发生，主要发生在阴雨潮湿或渍水较多的秧田，危害幼根和幼苗。最初在稻谷颖壳裂口处或幻芽的胚轴部分出现乳白色胶状物，逐渐向四周长出白色棉絮状菌丝，呈放射状。菌丝萌发产生游动孢子，游动孢子借水流传播，侵染破皮裂口的稻种和生育衰弱的幼芽。若遇低温绵雨或厢面秧板长期淹水，病害会迅速扩散，随后病苗又不断产生游动孢子进行再次侵染。长出的白色绵状物，最后变成土黄色，种子内部腐烂，幼苗逐渐枯死，发病严重时整片腐烂并有臭味。绵腐病主要防治措施：①加强水分管理。湿润育秧播种后至出芽前，秧田厢面保持湿润，不能过早上水至厢面；遇低温下雨天，短时灌水护芽。一叶展开后可适当灌浅水，二叶期和三叶期以保温防寒为主，要浅水勤灌。寒潮来临要灌"拦腰水"护苗，冷空气过后转为正常管理。②喷药保护。播种前用低毒高效药物进行苗床消毒。一旦发现中心病株，应及时施药防治。绵腐病发生严重时，秧田应换清水 2～3 次后再施药。发病严重的秧田可间隔 5～7 天再施药一次，以巩固防治效果。

2. 立枯病

立枯病发病较晚，三叶期秧田最易发病。多发生在旱播秧田中，气候干冷或土壤缺水时容易发生此病。其田间发病症状是：早期发病，秧苗枯萎、茎基部出现水浸状腐烂，手拔易断；后期发病，常是心叶萎垂卷曲，茎基部腐烂变成黑褐色，潮湿时病基部长出淡红色霉状物。受害秧苗根基部干腐，然后整株呈黑褐色干枯，拔出易断，发病严重时成片枯死。防治立枯病可选用 25％敌克松 500、700 倍液，50％使百克 800、1 000 倍液，或 80％甲基托布津 800、1 000 倍液防治。此外，移栽前 2～3 天喷施一次长效农药，秧苗带药下田。早、中、晚稻药剂每公顷秧田可用 2％春雷霉素水剂 100 毫升与天擒 WP 450 克兑水 450 千克均匀喷雾；或每公顷秧田用 2％春雷霉素水剂 1 500 毫升＋天定 WP 300 克兑水 450 千克均匀喷雾。

3. 黄枯病

黄枯病初期，秧苗叶片新绿的颜色慢慢变浅，后期会成白色但不卷叶，叶片会变薄；成熟的叶子初发病时外表正常，随后会慢慢变黄，根部成褐色不吸收营养。分蘖少或不分蘖，部分逐渐死亡。黄枯病发生原因是秧苗叶片叶绿素形成不足。尤其在旱育富氧条件下，某些氧化态的养分不易被水稻吸收利用，造成某些微量元素的吸收不足,叶片叶绿素形不成从而发生黄枯病。碱性土壤容易发病。秧苗出现黄枯病时,可喷施叶面肥。

4. 恶苗病

恶苗病苗期以陡长型最为普遍,比正常苗高出 1/3 左右。假茎和叶片细长苗色淡黄。旱育秧比水育秧发病重。病苗种子带菌是水稻恶苗病的主要发病原因。不用药剂浸种、谷壳破裂或脱壳成米的种子尤其易被侵染,秧苗接触带菌稻草也会被侵染。该病的病原菌属好气菌。旱育条件对该菌繁殖有利,因此旱育秧恶苗病比水育秧重。使用药剂浸种是预防恶苗病最简单、最有效的方法。用使百克浸种能有效地预防恶苗病的发生。无论是在秧田还是大田,发现病株应及时拔掉防止扩大侵染。妥善处理病稻草,不能随便乱扔堆放在田边地头,也不能作为种子催芽的覆盖物或用来捆扎秧把,可集中高温堆沤处理。

5. 苗瘟

苗瘟一般发生在三叶期前,在芽的基部和芽鞘上先出现水渍状斑点,后变为黄褐色枯死。苗瘟在三叶期后叶片上出现病斑,一是急性型病斑,暗绿色,近圆形或椭圆形,随后两端稍尖;二是慢性型病斑,呈菱形,两端尖,中央灰白色,边缘红褐色,外围有黄色晕。苗瘟发病原因:一是种子消毒不彻底,有致病菌源存在,种子带菌是苗瘟流行的首要因素;二是旱育苗床浇水过多,造成旱秧床上高密高湿的微生态环境,秧苗生长柔嫩,抗病力下降。主要防治方法:每 667 米² 用 40% 富士一号乳油或 40% 比丰乳油 100 毫升兑水喷雾,确保秧苗安全生长。

6. 苗床地虫害

苗床地害虫是旱育秧危害较大的虫害。害虫种类主要有蝼蛄、土蚕等,时常引起土表疏松,造成稻苗生根不良,危害植株根系,引起吸收障碍,同时造成缺窝断苗。防治方法是每 667 米² 用 3% 辛硫磷颗粒剂 1.5 千克拌土撒施。

7. 稻蓟马

近年来,稻蓟马在长江流域水稻主产区危害程度呈上升趋势,其生活周期短，发生代数多，世代重叠，一年可发生 10～15 代，主要危害单季稻和晚稻秧苗，尤其是晚稻秧田和本田初期受害最重。7—8 月低温多雨，有利于该虫发生危害。成、若虫以口器锉破叶面，造成微细黄白色伤斑，自叶尖两边向内卷折，渐及全叶卷缩枯黄。分蘗初期受害重的稻田，苗不长、根不发、无分蘗，甚至成团枯死。晚稻秧田受害更为严重，常成片枯死，状如火烧。成、若虫穗期趋向穗苞，扬花时，转入颖壳内危害，造成空瘪粒。稻蓟马防治要点包括农业防治和化学防治。①农业防治。调整种植制度，尽量避免水稻早、中、晚混栽，相对集中播种期和栽秧期，以减少稻蓟马的繁殖桥梁田和辗转危害的机会；结合冬春积肥，铲除田边、沟边杂草，消灭越冬虫源；栽插后加强管理，合理施肥，在施足基肥的基础上，适期适量追施返青肥，促使秧苗正常生长，减轻危害。②化学防治。采取"狠治秧田、巧治大田；主攻若虫，兼治成虫"的防治策略，依据稻蓟马的发生危害规律确定防治时期，在秧田秧苗四叶期至五叶期用药 1 次，第二次在秧苗移栽前 2～3 天用药。

四、大田移栽

人工栽插水稻需按照叶龄、秧龄适期移栽。栽秧以浅为贵，浅插低节位分蘗多、成穗率高、有效穗多、产量高。机插稻秧苗在移栽时尽量减少秧块搬动次数，做到随起、随运、随栽，保证不变形、不断裂、不伤苗。秧苗移栽需要根据秧龄与耕作制度确定移栽时间。一季中稻或一季晚稻有充分生长时间，又无前后茬矛盾，可根据品种生育期长短确定适宜的秧龄。双季稻和三熟制的双季稻，前后生育重叠，季节矛盾较大，要依前作熟期来确定秧龄。在移栽规格上需要根据不同品种的分蘗特征、育秧方式、土壤肥力、秧龄等来确定适宜的基本苗数。一般来说湿润育秧，六叶至七叶移栽，带 1～2 个分蘗；每 667 米^2 插基本苗 8 万株左右。土壤肥力较低、插秧较迟的田，每 667 米^2 插基本苗 8 万～10 万株。在上述范围内，迟熟类型品种可适当稀，中熟类型品种可适当密，起垄栽培按前面所述可密植。一季晚稻的移栽秧龄控制在 25～30 天，每苑栽插 2 苗，种植密度（16～20）厘米×（20～26）厘米。双季晚稻，适龄移栽，抛秧移栽秧龄在 15～18 天，人工栽插一般在 25～30 天。人工栽插可合理密植，每穴栽插 2 苗，行株距 20 厘米×（20～26）厘米。杂交稻生长势强，株行距以 15 厘米×20 厘米或 20 厘米×20 厘米为宜。

五、大田肥水管理

水稻秧苗移栽后，即转入大田管理，主要应处理好"调控水分、化学除草、及时晒田、巧施穗粒肥、防治病虫害"等环节。养鱼稻田水肥管理总原则：应施足基肥，基肥以有机肥为主，搭配复合肥，少用或不用碳酸氢铵，以免影响鱼的生长。栽后 3～5 天每 667 米^2 浅水追肥 10～12 千克尿素，以促分蘖。追肥分两次进行。晒田前，将鱼沟、鱼涵内的淤泥清理一遍，以增加水容量，保证晒田期间角沟内的水量。为保持水质新鲜，晒田时间不宜过长。

（一）水分管理

做到"薄水立苗、浅水活蘖、适期晒田、后期干湿管理"，科学调控田间水分，不同时期采取不同的灌水方法。分蘖期：浅水勤灌，及时晒田；孕穗期：灌好"保胎水"，采取"干干湿湿，以湿为重"的间歇灌溉法；灌浆结实期：保持田间湿润。大田水分管理要结合田间养鱼的具体情况进行，以促进鱼类的活动生长。

1. 返青期

移栽后 3～4 天内田面不上水，以促进扎根。以后大田保持浅水湿润灌溉，晴天可灌 3～5 厘米深的水；阴天灌刮皮水；雨天可排干水，以利于立苗，并促进早分蘖、多分蘖。如果早稻返青期气温较低，白天灌浅水，晚上灌深水，以提高泥温和水温，有利于苗发根成活。有寒潮来临时则应适当深灌，护苗防寒。立苗后应浅灌多露，促深扎根、防倒伏。

2. 分蘖期

移栽后 5～7 天，结合追肥和施用除草剂实行浅水灌溉，促进分蘖。分蘖末期适时晒田。当苗数已基本接近所要求的穗数的 80% 时，即可排水露田。宜早露田，以控制无效分蘖，防止分蘖群体过大，争肥耗氧，导致后期出现贪青倒伏，造成结实率下降。晒田，多次露田控苗促根。抛秧田由于分蘖节位低，分蘖快、分蘖早、分蘖多，应提早控苗，比常规育秧大田一般早 6～7 天，每 667 米^2 苗数达 25 万～26 万株时即应晒田。晒田后复水，保持浅水层至抽穗扬花。确保灌排水畅通，以后要采取间歇灌溉，"干干湿湿，活水到老"，切忌断水过早，影响千粒重。雨水较多时，要注意排放田水。

3. 孕穗期

湿润灌溉。抛秧早稻进入幼穗分化中期时对水分最为敏感，要实行浅水勤灌，做到以水调气、以气养根、以根养叶。幼穗分化后，除了施肥时需要灌薄水层几天之外，一般以灌"跑马水"保持田土湿润状态为主，不可断水。

4. 抽穗期

生产中在抽穗前后应采取"干干湿湿"的间歇灌溉方式，抽穗期间浅水灌溉，做到有水抽穗，以利于抽穗整齐和成熟一致。在干旱较为严重的地方，后期田间不要轻易放水，始终保持水层，以免无水可灌造成因旱减产。抽穗扬花期，田间要保持水层。

5. 齐穗期

水稻上层根和穗分化同步发生，是水稻生育后期的主要功能根系。该时期仍要保持浅水层，本阶段以干湿交替、间歇灌溉为主，切忌长期淹灌，也不宜断水过早，确保田间清水硬板，养根保叶，提高根系活力。齐穗后进入灌浆期，做到田间"干干湿湿，以湿为主"，视情况灌 1～2 次"跑马水"，直到收前 5～7 天才脱水，切忌过早断水。

6. 灌浆结实期

灌浆时要保持浅水层，稻穗勾头后实行干湿交替管理。采取间歇灌溉方式，灌浆期后期不要断水过早，确保"干干湿湿，活水到老"，防止禾苗早衰。

7. 成熟期

成熟收获前 5～7 天秧田田面应断水，便于水稻收割。

（二）肥料管理

施肥原则：根据各品种需肥特性，合理施肥，稻田养鱼施肥管理措施需要同鱼苗的管理相结合，做到巧妙互补。一般水稻前期基肥施肥量约占 70％；中后期追肥约占 30％，以追施穗肥为主。但养鱼的稻田可利用鱼的排泄物作为肥料，因此肥料的使用量有所减少。部分土壤肥沃的稻田，养鱼量充足，可以降低后期穗肥的施用，甚至可不进行追肥。稻田施肥要采用施足基肥，早施追肥，巧施穗肥，配施磷、钾肥，后期严控氮素的施肥方法（不要施氮肥过多、过晚）。晴天施肥，阴雨天、闷热天不施肥。减少化肥施用量及次数，化肥不能直接撒在鱼类集中的地方，如鱼坑、鱼沟内。

1. 基肥

在大田准备中完成。插秧前要施足基肥，基肥占总肥量的 60％～70％（每 667 米² 用尿素 10～13 千克，过磷酸钙 30～35 千克，氯化钾 10 千克）。

2. 早施分蘖肥

移栽后 5～7 天结合除草，每 667 米² 施尿素 7～9 千克，氯化钾 6～8 千克，或每 667 米² 施用碳酸氢铵 15～20 千克，过磷酸钙 10～15 千克，氯化钾 5 千克作促蘖肥。施肥时，先放浅田水，保持水层约 1 厘米深。

3. 巧施穗肥

晒田复水后施穗肥，早稻拔节后施用穗肥对巩固有效分蘖，提高每穗粒数有显著效果。适时适量施好穗肥：适时，以幼穗分化 4～5 期最合适；适量，叶色落黄的适当多施，特别是抛秧早稻由于苗数较多，搁田后容易落黄，此时（大致在 5 月底至 6 月初）应根据天气和苗情，结合复水施好肥料。苗势落黄的秧苗一般每 667 米² 用尿素 2.5～5 千克（或每 667 米² 施尿素 2.5～3 千克，配施氯化钾 3～5 千克作壮苞肥，或高效复合肥 12.5～15 千克）。叶色没褪淡的不施尿素，但钾肥不变。对基蘖肥施用量大、分蘖发生早、群体苗数多、长势偏旺的田块，则不必施用穗肥。

稻田养鱼施肥需确定氮肥、磷肥、钾肥的用量。通常情况下，氮肥用量根据目标产量、地力产量、氮肥农学利用率确定，氮肥用量＝（目标产量－地力产量）/氮肥农学利用率。以湖南省为例，氮肥用量为：双季稻每 667 米² 8～10 千克，晚稻每 667 米² 9～11 千克，中稻及一季晚稻每 667 米² 11～13 千克。磷肥、钾肥则根据氮肥用量，按比例确定，氮肥（N）：磷肥（P_2O_5）：钾肥（K_2O）＝1：0.4：0.7。如果采用稻草还田（晚稻套作早稻多熟制栽培方法），钾肥用量可适当减少。此外，由于实行稻田养鱼，鱼的粪便可直接还田，有机肥当季被利用，可适当减少无机肥料的施用量。

（三）不同种植模式的肥水管理

1. 常规水稻种植模式

人工栽插水稻水分管理上要做到浅水栽秧，湿润立苗，寸水返青，薄水分蘖。当田间苗数达到预期穗数的 80% 时，即开始脱水晒田，多次轻晒。晒田时，放水落干，待沟内无水 3～5 天后，再上新水，保水 2～3 天后，再放水落干，如此往复 2～3 个回合，直到倒二叶露尖。稻穗形成期以后，结合控制制无效分蘖及预防干旱，一般宜采用深水层控制无效分蘖，但水层深度不宜超过 15 厘米，维持 7～15 天。此后保持浅水层。有水抽穗、灌浆，干湿交替壮籽。灌浆结实期后，坚持"干干湿湿"，采用间歇灌溉，待沟内水自然落干后再上新水，防止后期脱水过早影响稻谷品质。常规水稻大田生产肥料管理同上文，不再赘述。

"三角形"强化栽培技术采用平衡施肥方法，有机肥和化肥配合施用，有机肥比例占总施肥量的 20%～30%。视稻田肥力而定，一般每 667 米² 施氮肥（N）11~13 千克，氮、磷、钾配比 2：1：1，提倡使用等量的水稻专用复合肥。氮肥中底肥、分蘖肥、穗肥比例 5：3.5：1.5。分蘖肥在移栽后 7~20 天内分 2 次追施，穗肥拔节至破口期酌情施用。稻田养鱼后，由于鱼的粪便排放到稻田，粪便中含有丰富的氮、磷、钾，因此可适量减少施肥量。在水稻返青成活后至分蘖前期，采取湿润灌溉或浅水（1~2 厘米）干湿交替灌溉。分蘖后期（无效分蘖期）采取"够苗晒田"，即当全田总苗数（主茎＋分蘖）达到每公顷 225 万~270 万株时排水晒田。对长势旺或排水困难的田块，全田总苗数达到每公顷 180 万~225 万株时开始排水晒田。较早到达够苗期，则采取多次晒田方式。晒田轻重视田间长势而定，长势旺应重晒，长势一般则轻晒。水稻进入幼穗分化（拔节）时，采取浅水（2 厘米左右）灌溉，切忌干旱。"干干湿湿"间歇灌溉，防止断水过早。

本田施肥实行测土配方施肥，做到有机肥、无机肥相结合，氮、磷、钾肥相配合。一般有机肥占总施肥量的 30% 以上，氮肥（N）：磷肥（P₂O₅）：钾肥（K₂O）的比例一般为 1：0.5：1。每 667 米² 产 600 千克稻谷的产量，一般施氮肥 12~14 千克、磷肥 6~7 千克、钾肥 12~14 千克。肥力充足的稻田，适当减少施肥量。施足基肥，适施分蘖肥和穗粒肥。一般氮肥总量、钾肥总量的 50% 作基面肥，磷肥全部作底肥。抛秧后 5~6 天施分蘖肥，施氮肥和钾肥总量的 20%。晒田复水后施穗肥，用氮肥总量的 20% 和钾肥总量的 30%。抛秧后 2~3 天内，大田不进水，以利于早立苗，如田间水层落干，即灌浅水，如遇大雨，要排水，保持 2~3 厘米的水层。分蘖期灌 2 厘米薄水层促分蘖。当每 667 米² 的苗数达到计划穗数的 80% 时，开始露田晒田，控制无效分蘖，促进根系下扎和壮秆健株，提高分蘖成穗率。孕穗期实行间歇灌溉，保持田面湿润。幼穗分化至扬花期保持浅水层，灌浆期间歇灌溉，干湿交替，保持田面湿润。收获前 7 天左右断水。

机插水稻栽插时水层深度为 1~2 厘米，不漂、不倒、不空插。机插秧苗小，以浅水湿润灌溉为主，分蘖期应浅水勤灌。穗数

85％时自然断水落干晒田，反复多次晒田至田中裂小口。水稻孕穗、抽穗期实期间歇灌水。机插水稻施肥视稻田肥力而定，一般土壤施氮肥 150～180 千克/公顷，氮、磷、钾配比 2∶1∶2。

直播稻的施肥规律与移栽稻有所不同，在施肥技术上，要掌握"前促、中控、后补"的原则，即前期要多施肥，促进稻苗早发，多分蘖，长大蘖；中期要少施肥，控制群体生长，防止无效分蘖发生，提高成穗率；后期要补施肥，由于直播水稻根系分布浅，宜根据苗情和天气情况补施穗肥和根外追肥。直播水稻还需增施磷钾肥，以防止水稻倒伏。水稻直播后至三叶一心期不轻易灌水，保持土壤湿润直至厢面有细裂缝，这样既有利于引根深扎，又利于秧苗早发快发。三叶期后建立浅水层，促进分蘖发生。当苗数达到预定穗数苗时，及时排水搁田。由于直播稻根系分布浅，宜多次轻搁，重搁会拉断根系，影响结实。后期要干湿交替灌溉，切忌断水过早，防止早衰倒伏。

再生稻施肥要注意以下两个关键点：

①促芽肥。施用促芽肥的时间和数量要看品种、稻田土壤肥力、头季稻的施肥水平，灵活掌握。一般品种和中等肥力田条件下，于头季稻齐穗后 15～20 天，每 667 米² 用尿素 10～15 千克；如果土壤肥力较高，保肥性能好，氮肥可以一次性施足；头季稻长势差的，要早施重施；长势过旺及叶色贪青的，要少施迟施；土壤缺磷、钾元素或头季稻未施或少施磷肥和钾肥的，配施磷肥和钾肥效果更好。施肥方法可采取灌浅水施肥，施肥后不排水，让其自然落干，防止肥料流失，还可叶面喷施 2％～3％的尿素溶液，或叶面喷施 0.2％的磷酸二氢钾溶液，促进成熟，可更好地提高肥料利用率。

②保蘖肥。在头季稻收割后 2～3 天施用，结合复水每 667 米² 施尿素 5～7.5 千克，可促进再生蘖生长整齐，适时抽穗成穗，提高单产。

头季稻的收割期主要看再生芽的长度，以倒 2 节位芽长出叶鞘、少量现绿叶、95％谷粒成熟为标准。收割时适当高留桩。留桩高度一般是头季稻植株高度的 1/3，或保留倒 2 节以上 10 厘米，做到"留 2 保 3 争 4、5 节位芽"。在高温干旱天气，土壤晒白，头季稻收割后，当天应立即复水护桩，防止高温损桩，减少养分消耗，尽快促发苗、多发苗、发壮苗。头季稻收割前 2～3 天下过雨，稻田比较潮湿的情况下，则可在收割后 3 天复水，做到湿润发苗、浅水长苗、水层养穗、"干干湿湿"到成熟。遇到秋寒要灌深水护苗保穗。再生稻生育期短，营养生长和生殖生长同时并进，所以收割留桩后补肥可起到多发苗、发壮苗、保穗粒数的良好作用。因此，凡是促芽肥不足、瘦田、留高桩或高产栽培田块，收后 3 天均要结合复水补施壮苗肥，每 667 米² 施尿素 4～5 千克。也可在苗期和破口抽穗期进行根外追肥和喷施生长调节剂，起到增穗数、增粒重、提高结实率的作用。

2. 稻鱼综合种养的新型水稻种植模式

稻田起垄栽培技术的肥水管理

（1）肥料管理　以湖南北部地区为例，在早稻季生产时节，4 月中旬，将尿素按 160.0 千克/公顷、钾肥 95.0 千克/公顷、磷肥 165.0 千克/公顷、硅肥 450 千克/公顷、硫酸锌 75 千克/公顷撒施于田间作为基肥。利用起垄机起垄，垄的两侧面相对水平面均为斜面，垄的每一侧面种植 2 行水稻秧苗，品种为陆两优 996；秧行的方向与垄的延伸方向一致，该垄的截面略呈半圆形。起垄过程中将基肥集中且深施，灌深水泡软泥土，按规格将秧苗移植到垄上两侧坡面上。在水稻移栽后 3 天即分蘖期，按照 64.4 千克/公顷的施肥量施用尿素。每 667 米² 用有效含量为 2.5% 的稻杰乳油 80 毫升拌土或肥料撒施除草。幼穗分化期按照尿素 64.4 千克/公顷、氯化钾 95.0 千克/公顷的施肥量作为幼穗分化肥。抽穗期按照尿素 32.2 千克/公顷的施肥量作为抽穗肥。机收平均产量 7 000 千克/公顷，平均增产达 5%。

（2）水分管理　稻田起垄栽培改变了稻田的微地形，增强了土壤的通气性，能有效降低田间相对湿度。这种自然蓄水进行半旱式浸润灌溉的方式区别于传统的整田漫灌，既省工省水，又优化了水稻生长的生态环境。除遇大暴雨田垄被淹外，基本上可不排水晒田，可减少晒田次数。但田间干旱时，为保证鱼类的活动和生长，需灌溉保持田间沟内一定的水位。

六、病虫防治

稻田养鱼后，由于鱼能食草、虫、水稻老叶，水稻病虫害大为减轻。但在病虫害发生的高峰期，应选用高效、低毒、低残留的农药防治。禁止使用对鱼类高毒的农药品种，应选用水剂或油剂，少用或不用粉剂农药。农药使用应符合《农药安全使用标准》（GB 4285—1989）的规定、《农药安全使用规范》（NY/T 1276—2007）和《无公害食品　渔用药物使用准则》（NY 5071—2001）中有关禁用渔药（农药）的规定，使用无公害水稻生产中的常用农药品种及常用剂型，稻田养鱼农药的选择见表 2-1。根据水稻病虫害发生情况，适时使用农药，同时注意用量、次数、安全间隔期等；不同种农药尽量交替使用。施药方法要得当。

表 2-1　稻田养鱼农药的选择

安全农药	避免使用的农药	禁止使用的农药
敌百虫、二环唑、康宽、苏云金杆菌、敌枯净、稻瘟灵、叶枯灵、多菌灵、井冈霉素、叶枯净	杀虫双、三环唑、优得乐、辛硫磷、稻丰散、马拉硫磷、亚胺硫磷、杀虫单、甲基托布津、三唑酮、草甘膦、稻杰	三唑磷、毒死蜱、阿维唑磷、阿维菌素、鱼藤精、除虫菊、毒杀酚、波尔多液、吡虫啉、氧化乐果、敌敌畏、敌杀死、速灭杀丁、灭扫利、甲基对硫磷、孔雀石绿、双杀眯、六六六、DDT、敌稗、杀草丹等

不同的农药对稻田养殖的主要养殖鱼类具有不同的毒性，同一种农药，浓度相同而使用方法不同对鱼类的影响也不同，如喷雾法相对于泼洒法更安全。注意控制好用药量，如 25%杀虫双以每 667 米^{2}150～200 克为宜，安全浓度为每千克体重 1.5 毫克；90%晶体

敌百虫以每 667 米^{2}60～100 克为宜，安全浓度为每千克体重 2 毫克；25％多菌灵以每 667 米^{2}150～200 克为宜，安全浓度为 1.5 毫克；40％稻瘟灵乳剂每 667 米^2 用量为 50～75 克，安全浓度为每千克体重 0.5 毫克；5％井冈霉素水剂以每 667 米^{2}100～150 克为宜，安全浓度为每千克体重 0.7 毫克。水稻大田期主要加强二化螟、纵卷叶螟、稻飞虱等虫害和纹枯病、稻瘟病等病害的防治。一般来说，防治稻螟虫、稻苞虫、稻飞虱、稻叶蝉等虫害，可于害虫幼虫期或发生盛期用药一次。如稻纵卷叶螟，应掌握在成虫高峰期后 10～20 天，即幼虫 2～3 龄盛期，或百丛有新束叶苞 15 个以上时，进行施药防治一次。为保证食品安全，一般每季用药不超过 2 次，距收鱼 20 天左右停止用药。施药宜在晴天露水已干的 16：00 以后喷洒，下雨前不要施药。药物应尽量喷在稻禾上。杀虫双和三环唑等农药，消解缓慢、残留期长，尽量避免使用。稻田在应用杀虫双时，最好在二化螟发生盛期喷施，前期则可应用敌百虫等易在稻田生态环境中消解的农药。水稻收割后进行冬水田养鱼的稻田，切忌在水稻后期使用杀虫双。稻田养鱼期间不施用任何除草剂。草甘膦等的使用应在放养鱼前进行。农药施用前，做好鱼类等水生动物回避措施。先疏通鱼沟、鱼溜，然后加深田水水位或使田水呈微流水状态。施农药时降低和稀释药液浓度。施药后，如发现鱼类中毒，必须立即加注新水，甚至边灌边排，以稀释水中药物浓度，避免鱼类中毒死亡。除采用化学农药防治外，稻田养鱼应提倡生物防治和物理防治，以保护稻田生态环境，保护害虫的天敌，减少化学农药用量以及残留引起的污染。稻田养鱼对控制水稻害虫、杂草及纹枯病有一定效果，长期应用可显著降低田间病虫密度。但在害虫大暴发的年份，特别是突发稻飞虱时、稻纵卷叶螟时，仍需化学防治。

养鱼稻田选用高效、低毒、低残留农药是保持水稻高产、粮渔协调发展，防止农业生态环境污染的关键措施。

农药对稻田主要养殖鱼类的急性毒性是指鱼类接触污染物在短时期内所产生的急性中毒反应。半致死浓度是鱼类在一定浓度的农药溶液中，经 48 小时死亡一半时的溶液浓度，用 48 小时 LC_{50} 来表示。

不同种类的农药对稻田同一养殖鱼类急性中毒的半致死浓度并不相同；同一农药品种，对稻田不同养殖鱼类的半致死浓度也不相同。在养鱼稻田使用农药前，应结合当地稻田主要养殖鱼类品种进行毒性试验。在试验时应选用规格相当，健康、活泼的鱼苗。试验用水最好经曝气处理。然后对若干条鱼预先进行试验，大致得出半致死浓度，以此为中心，制定出最小致死浓度（LC_0）到最大安全浓度（LC_{100}）之间若干阶段的药液作用浓度。同时设置不含农药的对照处理。此外，环境因子对急性毒性试验的影响较大，试验时的水温应保持 20～28℃ 为好，并应注意曝气。记录经 48 小时的死鱼数，应用直线内插法即可求出鱼类在各种农药试液中的 48 小时 LC_{50} 值。具体做法为在半对数坐标纸的对数刻度上设供试液的浓度，在普通刻度上设生存率的上下两点，用直线连接此两点，相交于 50％生存率，把相交点所表示的浓度作为半致死浓度。

通常拟除虫菊酯和有机氯杀虫剂对鱼类毒性强，而有机磷杀虫剂却弱。在对人畜和鸟类毒性强的农药中，也有对鱼类毒性弱的农药，因此难以从对人畜和鸟类的毒性来推测对鱼类的毒性。通过农药对鱼类的急性毒性试验，在室内试验鱼类 48 小时 LC_{50} 的基础上，通常将耐药浓度 1 毫克/千克以下定为高毒农药，1～10 毫克/千克定为中毒农药，10 毫克/千克以上则为低毒农药。以此毒性指标为根据，属于高毒农药的有敌杀死（溴氰菊酯）、速灭杀丁（杀灭菊酯）、五氯酚钠、鱼滕精等。中毒农药有敌百虫、稻丰散、稻瘟灵等。低毒农药有多菌灵、杀虫双、三环唑、扑虱灵、叶枯灵和井冈霉素等。六六六、1605、久效磷、甲胺磷等药物已禁用，需要特别注意。

农药用量应按农药使用技术要求常规推荐量施药，一般中、低毒农药对稻田鱼类不会引起毒杀，如果超过正常用量，重者会引起鱼类毒杀，轻者也会影响鱼类的正常生长发育。为了在养鱼稻田中施农药时，鱼有避处，同时便于集中投喂饵料，也便于鱼类集中起捕，不论是哪种水稻栽培方式的稻田养鱼，都必须开挖鱼凼、鱼沟，以避免或减少鱼中毒。农药使用具体方法是先从离鱼凼远的地方喷施农药，或施药前在鱼凼内投入带香味的饵料，吸引鱼群入凼，投饵料后2小时堵住凼口，不让鱼群外出或缓缓地放浅田水，待鱼进入鱼凼后再关深田水，可避免鱼遭农药毒害。但对某些在环境中降解较为缓慢的农药，则应注意其在鱼类体内残留、长期积累、生物富集可能会造成慢性中毒，以致影响生长发育。

农药在稻田使用后被土壤吸附的性能弱，而随水迁移性能较强，且在水中降解缓慢。由于水体中农药含量和鱼体中农药残留量呈显著正相关，因而在一定程度上可影响鱼类生长。为了保护药效并防止或减轻其对水生生态环境的影响，应加强稻田管理。既要避免短期内将田水排出，减少渗漏，又要保证稻田中鱼类的正常生长。在保证水稻的防虫效果后，应适时排水换水。因此，中稻田在应用杀虫农药时，最好于水稻二化螟发生盛期喷施。水稻收割后进行囤水田和冬水田养鱼的稻田，切忌在水稻后期使用杀虫双。

养鱼稻田施药时，田水深浅可影响农药的安全浓度，提倡深灌水用药，特别是治虫，水层高既可提高药效，也可稀释药液在水中的浓度，减少对鱼类的危害。稻田水层应保持在6厘米以上，田水中水层低于2厘米时，会给鱼类的安全带来威胁。病虫害发生季节往往气温较高，一般农药随着气温的升高会加速挥发，也加大了对鱼类的毒性。施药时应在阴天或17：00后施药，可减轻对鱼类的危害。为了保证鱼的安全，应注意农药的使用方法，喷施水溶液或乳剂均应在午后进行，药物应尽量喷洒在稻叶上，这样不但能提高药效，而且可避免药物落入田水中危害鱼类。喷雾法雾滴细，沉积量高，用量少，防治效果最佳又有利于保护水生生物，减少对农业环境的污染。而喷施粉剂则要在露水未干时进行，尽可能使药粉黏附在稻秆和稻叶上，减少落入水中的机会。养鱼稻田提倡农药拌土撒施的方法。在使用毒性较高的农药时，应先将田水放干，驱使鱼类进入鱼沟、鱼凼内。沟、凼外泥土稍加高，然后再施药。为防止施药期间沟、凼中鱼的密度过大，造成水质恶化缺氧，应每隔3～

5 天向鱼函内冲 1 次新水，等药味消失后，再往稻田里灌注新水，让鱼类游回田中。

（一）单季水稻病虫害防治

对于病虫害的防治，生产者心中应该树立预防为主的观念。预防病虫害的方法有很多，不仅包括对于水稻品种的选择，也包括对于稻田的水、肥、气、温度的调节和调控，以及合理布局和耕作制度等，农药的使用应该作为最后的手段。本书以成都平原的水稻生产为例介绍单季水稻病虫害的化学防治措施。

根据植保部门的预测预报，重点在水稻秧苗期防治青（立）枯病、叶（苗）瘟和蓟马、蚜虫、一代螟虫、纹枯病、稻曲病等。

1. 二化螟

一代二化螟防治推行带药移栽，在水稻移栽前 3～5 天，选用安全药剂，均匀喷雾至秧苗滴水，可有效防治螟虫。二代二化螟防治适期是在水稻破口 10% 至齐穗前，时间为 7 月下旬至 8 月上旬。

2. 稻瘟病

防治适期为 6 月下旬至 7 月中旬，期间前后各防治一次，注意改善稻田的通风透气条件。

3. 稻曲病

防治适期是水稻破口期和齐穗期，各防治一次。

4. 纹枯病

在 6 月中旬和 7 月中旬各防治一次。

（二）双季水稻大田病虫害发生特点及综合防治

1. 早稻大田病虫害发生特点

早稻大田病虫害发生特点：一代二化螟在 5 月上中旬危害分蘖期早稻；5 月下旬至 6 月底受大风降雨天气影响，有不同批次迁入的稻纵卷叶螟主要危害孕穗至灌浆期早稻；6 月上旬末至 7 月初是稻飞虱危害稻的主要时期，主要危害抽穗至成熟期早稻；5 月中旬至 6 月上旬早稻分蘖盛期至孕穗期是稻叶瘟的易发期；6 月中下旬抽穗期是穗颈瘟的易发期；5 月下旬至 6 月早稻孕穗期至成熟期是水稻纹枯病主发时期。因此应注意及时做好上述几种病虫害的防治工作。根据病虫害的预测预报，分蘖期注意防治二化螟；孕穗期注意防治纹枯病、稻纵卷叶螟等；破口抽穗初期以防治二化螟、稻飞虱、稻瘟病为重点；灌浆以后重点防治稻纵卷叶螟和稻飞虱。在病虫害防治的关键时期，选用高效、低毒的农药，如在早稻破口期普遍进行一次防治，有效控制稻瘟病、纹枯病、稻飞虱、稻纵卷叶螟等病虫害的发生，确保水稻生产安全。如果大田群体密度大，通风透气差，田间湿度大，在早稻拔节后，气候有利于病虫害的流行，应注意以上病虫害的防治，立足早治。用药期间对鱼类采取适当的隔离措施。

2. 中、晚稻大田病虫害发生特点

中稻大田病虫害发生特点：稻蓟马危害返青至分蘖期中稻；二代二化螟危害分蘖期中稻；三代螟虫（二化螟、三化螟）危害抽穗期中稻；稻纵卷叶螟危害分蘖至灌浆期中稻；稻飞虱危害孕穗至灌浆期中稻；稻叶瘟在中稻分蘖期至孕穗期危害；穗颈瘟抽穗期危害中稻；稻纹枯病分蘖末期至抽穗期危害中稻。

晚稻大田主要病虫害发生特点：三代螟虫（一化螟、三化螟）危害分蘖期晚稻，四代螟虫（二化螟、三化螟）危害抽穗期晚稻；稻纵卷叶螟在晚稻分蘖至抽穗期危害，稻飞虱在晚稻分蘖至成熟期危害；稻叶瘟在晚稻分蘖至孕穗期危害，穗颈瘟在晚稻抽穗期危害；稻纹枯病在分蘖盛期至成熟期危害晚稻，稻曲病在晚稻破口抽穗至灌浆成熟期危害。

3. 稻田养鱼中早稻大田病虫害的综合防治

（1）农业防治　选育抗病虫良种，培育无病虫壮苗，实行合理轮作，如采取"稻油轮作""稻稻油轮作"等技术，加强栽培管理，适时移栽、配方施肥、合理控水，促进水稻早生快发，提高植株的抗病虫性。也可适当调整播期，避开病虫高峰。

（2）生物防治　采用"稻鱼/稻鱼菜"等生态种养技术的稻田，病虫害明显减少。

（3）物理防治　①用频振式杀虫灯诱杀成虫；②设置防虫网阻隔成虫；③利用性诱剂诱杀害虫。

（4）化学防治　科学用药，使用高效、低毒药剂防治病虫害。

4. 稻田养鱼中、晚稻大田病虫害的综合防治

稻田养鱼中、晚稻大田病虫害防治方法参照早稻进行。针对稻瘟病、白叶枯病感病的中、晚稻品种及常年重发病区，在水稻破口前1～2天至齐穗期，结合药剂进行重点防治。对中、晚稻大田病虫害要进行综合防治，用药期间对鱼类采取适当的隔离措施。

（三）不同水稻种植模式病虫害防治

1. 常规水稻种植模式病虫害防治

常规水稻种植模式的病虫害防治方式与前文中描述相一致，这里不再赘述，仅重点针对直播水稻除草与再生稻的病虫害防治作介绍。

（1）直播水稻除草　直播水稻最为重要的环节在于封闭除草，该环节决定了水稻直播的成功与否。为此，这里以成都平原水稻直播为例作介绍。直播田除草"一封、二杀、三补"体系是较为完善的除草化防体系。直播田除草具体要根据田块实际情况，选择合理的方案，力求用最小的成本，达到最佳的效果。"一封"即利用杂草种子与水稻种子的土壤位差，选择杀草谱宽，封闭效果好的除草剂，全力控制第一个出草高峰出现。浸泡露白后播种，可以加快水稻出苗，拉大出苗除草的时间差，使秧苗先于杂草形成种群个体优势，在一定程度上可以压低杂草基数，达到抑制杂草生长的效果。"二杀"是指在水稻三叶期、杂草二至三叶期前后，采用茎叶喷雾的方式，灭除前期残存的大龄杂草，同时可以有效控制第二出草高峰。施药时需排干田间水层，使田内杂草充分暴露或至少暴露2/3，施药后2～3天上水，并保水5～7天。"三补"是针对恶抗性杂草和第二出草高峰的杂草，根据"一封""二杀"后的除草效果，于播后30～35天有针对性地选择相关除草剂进行挑治补杀。此时草龄过大，应适当增加用药量。在化学灭草的基础上，对田间漏杀杂草应及时连根拔除。

（2）再生稻病虫害防治　头季稻需要根据田间病虫预测预报情况，选用高效、低毒、低残留的农药，在关键时期防治水稻二化螟、稻飞虱、稻纵卷叶螟、稻瘟病、纹枯病等病虫害。再生稻生长期间，根据病虫预测预报情况重点防治稻瘟病、纹枯病、稻飞虱、稻纵卷叶螟、三代螟虫等病虫害，确保再生稻丰收。头季稻收割后及时清除有虫稻草，消灭稻飞虱和二化螟虫虫源，彻底处理稻桩。对于纹枯病要提前防范，在孕穗期和破口期各防治一次，可选用井冈霉素或者纹霉素等药剂防治。在头季稻的破口期，除了防治纹枯病之外，还要注意二代三化螟的防治。

2. 稻鱼综合种养的新型水稻种植模式病虫害防治

多熟制稻田在搞好肥水管理的基础上，采用稻田养鱼技术，选用物理方法或药剂防治方法防治水稻主要病虫害。

水稻移栽后 3 天左右施分蘖肥，并选用除草剂除草。注意施药期间稻田暂不放养鱼类等水产动物。在水稻抽穗期以前，采用黑光灯或频振式杀虫灯和药剂防治相结合的方法防治水稻二化螟、三化螟和稻纵卷叶螟。在水稻生长中、后期，同样采用多种防治方法防治水稻稻纵卷叶螟、稻叶蝉、稻飞虱。选用安全药剂防治水稻二化螟、三化螟稻纵卷叶螟。

第三节　鲤及其他鱼类的饲养与管理

一、饲养与管理优化设计

鱼的放养

1. 投放时间

提倡鱼苗早放，3 厘米以下的鱼苗，在插秧前就可以放养，因鱼苗个体较小，不会掀动秧苗。对于 6～10 厘米的鱼种，最好待秧苗返青后再放。

2. 放养方法

在冬春农闲季节，开挖好鱼凼、鱼坑。如果上半年稻田内饲养鱼种，则需要对鱼凼、鱼坑等进行整修，铲除坑边杂草等。在放养前，鱼沟、凼内的水日晒一星期左右，按每 667 米^2 用生石灰 50

千克消毒，再过一个星期后灌足水。灌水后根据田块大小施一定的肥料以培肥水质，4～5 天后即可投放鱼种。放养的鱼种要求体质健壮、无病无伤，同一批鱼种的规格要整齐（彩图 4），鱼种放养前还需进行鱼体药浴消毒。

3. 放养数量

应根据鱼种的大小来确定鱼种放养数量。稻田养殖成鱼，提倡放养大规格鱼种。一般每 667 米² 稻田可放养 8～15 厘米的大规格鱼种 300 尾左右，高产养鱼稻田可每 667 米² 放养 8～15 厘米的大规格鱼种 500～800 尾，具体因地而异。混合养殖鱼种，鲤的数量占 50%，草鱼和鲫总和占 50%。若混养以鲫为主，套养鲢、鳙，则鲫可占 90%左右，鲢、鳙占 10%左右。

4. 放养注意事项

鱼种放养时需要注意调节水温，运输鱼的水温要和田间水温温差小于 2℃。在适当的时候注入新水，提高鱼苗的存活率（彩图 5）。养鱼稻田水位水质的管理，既要服务鱼类的生长需要，又要服从水稻生长对环境"干干湿湿"的要求。因而在水质管理上要做好以下几点：一是根据季节变化调整水位。4—5 月放养之初，为提高水温，沟内水深保持在 0.6～0.8 米即可。随着气温升高，鱼类长大，7 月水深可到 1 米，8～9 月，可将水位提升到最深。二是根据天气、水质变化调整水位。通常 4—6 月，每 15～20 天换一次水，每次换水 1/5～1/4。7—9 月高温季节，每周换水 1～2 次，每次换水1/3，以后随气温下降，逐渐减少换水次数和换水量。三是根据水稻晒田治虫要求调控水位。当水稻需晒田时，将水位降至田面露出水面即可，晒田时间要短，晒田结束随即将水位加至原来水位。若水稻要喷药治虫，应尽量叶面喷洒，并根据情况更换新鲜水，保持良好的生态环境。

5. 鱼的饲养管理

（1）投饵　稻田中杂草、昆虫、浮游生物、底栖生物等天然饵料可供鱼类摄食。每 667 米² 可形成 10～20 千克天然鱼产量，要达到每 667 米² 产 50 千克以上的产量，必须采取投饵措施。常用的饵料种类有嫩草、浮萍、菜叶、蚕蛹、糠麸、酒糟等。有条件的可投喂配合颗粒饲料，投饵要定点、定时、定量，并据摄食情况调整投饵量。一般在饲养的初期，由于田中天然饵料较多、鱼体也小，可不投喂；中期少喂，以后逐渐增加；后期随气温下降，鱼的摄食量逐渐减少，当水温下降到10℃以下时，即停止投喂。5—6月，每667米² 每天投精饲料1.5～2.5千克，青料8～12千克；7—9月，每667米² 每天投喂精饲料3～5千克，青料18～25千克。10月以后逐步减少。青饲料要鲜嫩，并以当天吃完为宜。

（2）调节水位、水质　要根据水稻和鱼的需要管好稻田里的水。调节水位、水质，在水稻生育期间按水稻栽培技术要求进行。在放水晒田期间，鱼在凼内生长，不受影响。水稻抽节后，可逐步加深田水，尽量提高水位。稻田水质偏于酸性时对鱼类生长不利，特别是水稻收割后稻根、稻桩腐烂，严重影响水质，因此要尽量少留稻桩，定期向田凼施用生石灰进行消毒。

（3）疾病预防

①稻田消毒。放鱼前，应选用药物对稻田消毒，常用的有生石灰、漂白粉。每667米² 使用25～40千克生石灰，不仅能杀死对养殖鱼类有害的病菌和凶猛的鱼类及蚂蟥、青泥苔等有害的生物，还能中和酸性，改良土质，对稻、鱼都有好处。消毒处理后7天左右可放入鱼苗。每667米² 用含有效氯30％的漂白粉3千克，加水溶解后泼洒全田，随即耙田，隔1～2天注入清水，3～5天可放鱼苗。

②鱼种消毒。鱼苗在放养前，要进行药物消毒。常用药物有3％的食盐水、8毫克/千克浓度的硫酸铜溶液、10毫克/千克的漂白粉溶液、20毫克/千克的高锰酸钾溶液等。漂白粉与硫酸铜溶液混合使用，对大多数鱼体寄生虫和病菌有较好的杀灭效果。洗浴时间根据温度、鱼的数量而定，一般为10～15分钟。洗浴时一定要注意观看鱼的活动情况。

③饵料消毒。饵料在投喂前应进行必要的消毒处理。动物性饵料，如螺、蚬等，用清水洗净，选取鲜活的投喂。植物性饵料，如

水草，则用 6 毫克/千克的漂白粉溶液浸泡 20～30 分钟后投喂。施用发酵的粪肥时，每 500 千克粪肥中加 120 克漂白粉，搅拌均匀后投入田里。

④食物台、鱼沟和鱼坑的消毒。在鱼病流行时，要对食物台、鱼沟和鱼坑进行药物消毒。方法如下：

A. 漂白粉挂袋：鱼坑上插几根竹竿，每个鱼坑挂 2～3 只药袋，袋内装漂白粉 50 克，每 3 天换药一次，连续 3 次。

B. 往鱼沟、鱼坑内泼洒药物，一般用漂白粉、敌百虫或生石灰。每 667 米² 用生石灰 1～2 千克，化水后泼洒能预防鱼的烂鳃病等疾病。

⑤防天敌害虫。包括水生昆虫、蛙类、鸟类、鼠类、蛇类等。主要水生敌害有水蜈蚣、田螺等。水蜈蚣性极凶猛，贪食，一只小蜈蚣一夜之间可夹死鱼苗 16 条之多，对鱼的危害最大。在放养鱼苗前，用生石灰遍撒全田，可杀死水蜈蚣。除此之外，水蛇、鸟类、鼠类都是鱼类的主要天敌。

⑥防缺氧浮头。在水浅、放养密度大、饲料投放过多的情况下或天气闷热、水中腐殖质分解加速而大量消耗氧气时，水中溶氧量显著下降，特别是下半夜，可降低至 0.2～0.9 毫克/升，这时鱼类将因缺氧而浮头，如不及时抢救，有全部死亡的危险。因此，随着鱼类逐渐长大，其对水中溶氧的消耗也会增加，应根据水质和鱼类活动情况及时加注清水，以提高稻田水位，改善水质。在天气闷热或天气骤变、气温过低时，要暂停投饵。发现浮头要立即排出田水，引进含氧量高的清水，或者开启增氧设施。

（4）有害藻类过度繁殖　在 7—8 月高温季节，部分浮萍死亡，这时稻田内的藻类会大量繁殖。其中的微囊藻因其细胞外面有一层胶质膜，鱼类不能消化，藻体死亡之后，藻蛋白质分解产生的有毒物质（硫化氢、羟胺）对鱼的生长不利。据分析，1 千克水中含有 50 万个左右微囊藻时，就可使鳙鱼苗死亡；如达 100 万个以上，则会使大部分鱼类死亡。pH 8～9.5，水温 28～30℃时，微囊藻繁殖最快，可用 17 毫克/千克硫酸铜均匀泼洒在田中予以杀灭。

疾病防治过程中,注意稻田中不得施用含有《无公害食品 渔用药物使用准则》(NY 5071—2001)中所列禁用渔药化学组成的农药,农药施用应符合《农药合理使用准则(一)》(GB/T 8321.1—2000)的要求。

二、品种与搭配

(一)放养品种

进入21世纪以来,全国各地涌现了许多新的养殖技术和养殖模式,稻田养鱼品种也由原来单一的鲤等,发展到混养鲫、草鱼、鲢、鳙等品种;或者以主养鲫,搭配鲢、鳙,或者养殖本地泥鳅、台湾泥鳅等。稻田养鱼的同时,还可以种植荸荠、茭笋、食用菌等进行综合种养经营。不同地区可根据不同情况选择一种或多种放养品种。在池塘中养殖的水产动物种类,除冷水性鱼类、肉食性鱼类等,一般都适合稻田养殖。

(二)混养搭配

1. 混养优点

稻田鱼类混养不是简单的多种鱼类叠加,而是根据鱼类的食性、生活习性等生物学特性,充分发挥养殖鱼类之间的互利作用,搭配不同种类或同种异龄鱼类在同一水体中养殖。稻田鱼类混养优点如下:

(1)充分利用饵料 在人工投喂饲料时,主要养殖鱼类的残饵可以被其他小规格鱼种吞食,粪便又可以育肥浮游生物以供鲢、鳙等滤食性鱼类摄食。

(2)充分利用水体 不同鱼类栖息水层不同,鲢鳙等在上层,草鱼、鲫等在中下层,不同栖息水层的鱼类混养可以充分利用稻田的各个水层。

(3)充分发挥鱼类之间的互利作用 主要养殖鱼类的残饵和粪便育肥浮游植物供滤食性鱼类食用,滤食性鱼类吞食大量浮游生物,能够净化水质,又为主养鱼提供优良的生长环境。

2. 鱼种搭配

在稻田鱼类混养时，需要明确主养鱼和配养鱼的种类、数量以及规格，这样才能充分合理的利用稻田水体，达到最大的养殖效益。各种稻田混养模式都是依据当地的具体条件而形成的，然而它们仍有普遍规律。首先，每一个混养稻田都要确定主养鱼和适当配养一些其他鱼类。为了充分利用饵料，提高饵料利用效率，必须确保主养鱼和配养鱼的饵料不冲突，并且确保配养鱼对主养鱼有利。其次，明确配养鱼之间的比例。例如，渔谚有"三鳙养一鲢"之说，鲢的抢食能力较强，容易抑制鳙的生长。为充分合理利用水体，应配养不同食性和不同栖息水层的鱼类。在配养鱼种类中，既要有"吃食鱼"，又要有"肥水鱼"，各栖息水层的鱼类也应适量搭配。

3. 混养密度

放养密度是获得高产的重要条件。在一定条件下，放养密度越大，产量越高。然而，一味地追求产量，并不能达不到高产增收的目的。只有在合理的混养基础上，高密度养殖才能充分发挥稻田水体的生产潜力。具体混养密度必须根据各地各稻田情况而定。混养密度的确定必须遵循以下原则：

（1）稻田水源好　良好的水质是获得高产量的首要条件。有良好水源和开挖鱼沟、鱼溜的稻田，混养密度可以适当增加。

（2）混养种类和规格合理　合理混养多种鱼类和小规格鱼类的稻田，放养量可以适当增加，反之则应适当减少。

（3）科学的饲养管理措施　充足的饵料才能确保鱼类的正常生长。在饲料充足，管理精细得当的基础上，放养量可相应增加。

三、孵化与育苗

鱼类整个生命周期分为胚前期、胚胎期、胚后期三个发育阶段。胚前期是性细胞发生和形成的阶段；胚胎期是受精后至鱼苗孵出阶段；胚后期是孵出的鱼苗到成鱼以至衰老死亡的阶段。熟悉掌握鱼类整个生命周期是成功培育鱼苗的基础。所谓鱼苗培育，通常指将孵化后 3～4 天的鱼苗饲养成夏花鱼种的生产过程。因刚孵出的鱼苗身体稚嫩，活动能力弱，适应环境能力较差，不适宜直接放养，需要人工饲养至大规格鱼种方可放养，故鱼苗培育是鱼类养殖过程中的一个关键环节。

（一）鱼苗培育

1. 鱼苗池准备

鱼苗池要求池堤坚实不漏水，鱼池背风向阳，面积 2 000～3 000 米²，进水口和出水口用 80 目或 80 目以上的筛网过滤，以防鱼苗逃逸和野杂鱼进入池中。

2. 鱼苗放养

鱼苗下塘前 2～3 天，每 667 米² 施腐熟有机肥 100～200 千克培育浮游生物，保证鱼苗下塘后有充足的适口饵料。刚孵出的鱼苗均以卵黄为营养，当鱼苗体内鳔充气后，鱼苗方开始摄取外界食物。鱼苗培育一般一口池塘只放一个品种，不宜混养，放养密度不宜过低或者过高，每 667 米² 放养鱼苗 8 万～10 万尾。鱼苗下塘时，每万尾鱼苗投喂蛋黄 2～3 个，方法为：将鱼苗放入塑料盆内，将蛋黄用水稀释，然后经 40 目聚乙烯网布过滤后，均匀洒在盆内，再等 20 分钟放入池塘。此外，注意氧气袋与鱼池水温相差不能超过 3℃，并选择上风离岸 2～4 米处放苗。

3. 饵料投喂

鱼苗培育以投喂生豆浆为主，施肥为辅。豆浆泼洒要量少多次，均匀泼洒，同时要求现磨豆浆泼洒。在鱼苗入池 5～7 天后，每 2～4 天追肥一次，待鱼苗规格较大后改投粉料等，确保鱼池中有充足的饵料供应。

4. 水质调节和病害防治

保证池水"肥、活、爽、嫩"是鱼苗生长的关键。鱼苗入池前期，为利于提高水温、促进饵料生物生长繁殖，控制育苗池水位在 40～60 厘米。7 天后，每 2～4 天注水一次，每次加注新水不超过 15 厘米，扩大水体，满足鱼苗生长对水体空间的需求。注水时应注意注水时间不宜过长，且保证水流平缓入池，以免鱼苗长时间顶流，消耗体力，影响生长或引发跑马病。在鱼苗培育阶段，鱼苗易患跑马病、白头白嘴病、白皮病等，要做好鱼病防治工作。鱼病防治工作要遵循"预防为主，防治结合"的原则。培育期内每 7 天左右每 667 米^2 池水可用 15 千克生石灰泼洒一次，以预防鱼病。

（二）注意事项

每天勤巡塘，观察鱼苗活动和生长情况，发现病鱼苗及时治疗，死鱼及时清除。观察水质情况，以确定投饵数量和施肥量。鱼苗经一段时间培育，长到 3 厘米以上时，要及时分池降低池内鱼苗密度，促进夏花生长和提高夏花出池规格。夏花鱼苗出池前，进行 2～3 次拉网锻炼，拉网前一天要停止喂食，同时操作时要求动作要轻，速度要慢。

四、饲养管理

待鱼苗放入稻田后，应注意稻田管理技术。俗话说"稻田养鱼，三分技术，七分管理"，日常管理工作的好坏是稻田养鱼成败的关键，要防止重放养、轻管理的倾向。管理除严格按稻田养鱼和种稻的技术规范外，每天需巡田，及时掌握稻、鱼生长情况，有针对性地采取管理措施。大雨、暴雨时要防止漫田；检查进、排水口拦鱼设施是否完好；检查田埂是否完整，检查是否有人畜损坏以及有无黄鳝、漏水洞、逃鱼、鼠害、鸟害等，并及时采取相应的补救措施，实现精细化管理。为了便于管理，以成片、成大片稻田开展养鱼最佳。

（一）日常管理

1. 巡田

鱼苗投放稻田后，要坚持巡田，及时消灭水鼠、黄鳝等敌害生物；及时修补田埂和进、排水口的破损和漏洞（彩图 6）；经常清除鱼栅上的附着物，保证进排水畅通。可适当给鱼投喂些糠麸、酒糟及饼类等农副产物，以促进鱼类生长，提高鱼的产量。

2. 晒田

晒田目的是通过排水加速水稻根系发育，控制无效分蘖，提高水稻产量。稻田养鱼晒田，应做到晒田不晒鱼、不伤鱼。晒前先清理疏通鱼沟、鱼溜，然后缓慢排出田面水，并在鱼沟、鱼溜处投放精料，将鱼引入鱼沟、鱼溜内。晒田时鱼沟内水深应保持在 20～30 厘米，晒田后要及时恢复至原来水位。

3. 田水管理

稻田养鱼水位变化主要根据水稻的需水量来定。总体上，除晒田阶段外，田间水位是由浅到深，与鱼对水的要求基本一致。稻田养鱼应保持鱼沟、鱼溜以及坑凼中有微流水，水流以早、晚鱼不浮头为准。平时大田水位按常规种稻管理，水深 5 厘米左右。在水稻生长中后期，每隔几天提高一次水位，直到 15 厘米高，让鱼吃掉老稻叶和无效分蘖。

4. 处理好晒田与养鱼的关系

对排水不良，土壤过肥的低产稻田，禾苗贪青徒长。传统作法是排水晒田，促进水稻根系生长、禾苗长粗，减少病虫害，抑制无效分蘖。晒田前先疏通鱼沟、鱼溜，再将田面水缓慢排出，让鱼全部进入鱼沟、鱼溜或坑凼中，沟内水深保持 13～17 厘米。最好每天将鱼溜、鱼凼中的水更换一部分，以防鱼密度过大时缺氧浮头。晒田时间过长时可将鱼捕出或引放暂养在其他水体中。晒田程度以田边表土不裂缝、水稻浮根发白、田中间不陷脚为好。

稻田养鱼是否必须晒田呢？湖北省崇阳县农业科学研究所和湖南省桃源县农业科学研究所试验表明，稻田养鱼后不晒田对稻谷产量没有影响，因低洼田种早稻养鱼，加深水位反而能抑制无效分蘖。另外可通过培育多蘖大苗壮秧的方法，使晒田时间缩短甚至不晒田。

5. 投饵

稻田养鱼分不投饵和适当投饵两类。不投饵即纯粹利用稻田天然饵料，鱼种放养少，鱼产量较低；适当投饵即在鱼溜和固定某段鱼沟中投饵，鱼种放养密度较大，产量较高。

所谓适当投饵，即根据放养的鱼种种类、食性及其数量，按"四定"（定时、定质、定量、定位）投饵法，投喂精料或草料。一般精料占鱼总体重（可根据鱼体大小估算）的5％左右，草料占草食性鱼类总体重的20％～30％，并根据天气、鱼的吃食情况增减，以免不足或过多浪费而影响水质。

稻田养鱼因田中天然饵料数量有限，每667米²仅能产鱼10～15千克。要获得更高的鱼产量，必须人工投饵。1994年四川省南充市顺庆区试验表明，每667米²稻田放鱼种20千克，52天后投饵的田鱼个体重365克，不投饵的仅221克。

精饲料日投饵量为鱼体重量的2％～3％，青饲料以2小时内吃完为宜。放养大规格草鱼种并蓄再生稻时，必须投足饵料，否则草鱼将取食水稻分蘖芽，使再生稻颗粒无收。稻田养鱼投饵遵循"四定""三看"（定时、定质、定量、定位，看鱼、看水、看天）原则，并根据实际情况灵活掌握。一般生长旺季日投两次，分别在08：00—09：00和16：00—17：00投喂，量以1～2小时内吃完为度，精饲料投放量为鱼种体重的5％～10％，青饲料投入量为鱼体重的30％～40％。根据天气、鱼类活动和水质决定投饵量，并在鱼溜、鱼凼处搭食台和草料框。为了充分利用天然饵料和防治水稻虫害，当发现水稻有害虫时，可用竹竿在田中驱赶，使害虫落入水中被鱼吃掉。

6. 施肥

适量施肥对水稻和鱼都有利。原则上以施基肥为主，追肥为辅；施有机肥为主，化肥为辅。追肥应视稻田肥力而定，肥田少施，瘦田多施。不要将肥料撒在鱼沟里，以免伤害鱼类。

在稻与鱼的管理上，坚持以稻为主，兼顾养鱼的原则，采取稻鱼双利的管理方法。选用尿素和氯化钾作为水稻追肥，早稻每667米²施尿素13千克，晚稻每667米²施尿素20千克，氯化钾全年每667米²用量7千克。早、晚稻尿素均分两次施用，氯化钾施用一次（即早稻用，晚稻则不用）。防治水稻病虫，一般早稻用药1次，晚稻用药2次。早稻田灌溉采取"浅-深-浅"的方式，即从移栽到拔节浅灌（田面水层 3.5 厘米左右），孕穗至扬花期深灌（水层 6 厘米左右），蜡黄期开始浅灌（水层 3 厘米）。晚稻采取"深-浅-深-浅"的方式灌溉，即移栽到活蔸深灌（深水活蔸），分蘖期适当浅灌，孕穗到扬花期深灌，之后浅灌。为了补充稻田天然饵料的不足，根据稻田鱼类摄食情况，投喂一些人工饵料。每 667 米² 投喂菜籽饼（或米糠）50 千克和足量的红萍、嫩草。稻田养鱼的日常管理着重抓防逃、防洪、防敌害（水蛇、田鼠等）。

种养结合，开沟、挖坑、搭棚种瓜是解决稻、鱼在生产过程中的某些矛盾和防止高温死鱼的好办法，是促进稻田养鱼迅速推广、提高稻田养鱼单产的有效措施。稻田养鱼，稻与鱼虽然有共生互利的一面，但也的确存在着一些矛盾，诸如稻田施用化肥、农药和浅灌晒田与养鱼的矛盾，特别是"双抢"期间高温死鱼的问题等。在养鱼田开沟、挖坑、搭棚种瓜的目的就是为鱼建造一个"避难所"，当进行上述对鱼类安全有威胁的生产活动及"双抢"高温时，让鱼进入其中"避难"，从而使稻与鱼的矛盾得到妥善的解决。实践证明，在坑上搭棚种瓜是防止"双抢"高温死鱼较为理想的一种方法。

注意事项：种两季杂交稻有利于稻、鱼双丰收，常规稻与杂交稻组合为次。主养鲤的稻田以放 4～10 厘米长的鲤鱼种为宜，每 667 米² 放 300～600 尾（"双抢"时捕大留小，及时补放鱼种），另搭配 100～200 尾草鱼种。主养 4～5 厘米的草鱼种的稻田每 667 米² 放 1 500～2 000 尾，另搭配 15% 左右的鲤。若苗种规格较大，则相应减少投放鱼苗的放量。主养罗非鱼的稻田，在不投饵的情况下，每 667 米² 稻田可放养规格为 2～2.5 厘米的罗非鱼夏花鱼种 500～600 尾；在投饵施肥的情况下，可投放 800～900 尾。放养前须将鱼种放入 3%～5% 的食盐水中浸洗 5～10 分钟。投放时应将鱼种投放到鱼溜中。一般规格 6 厘米以上罗非鱼鱼种，每 667 米² 可投放 300 尾左右，同时搭配草鱼、鲤等鱼种 200 尾左右。如果稻田条件较好，并能投喂施肥，可适当增加鱼种放养量。适当补充人工饵料是实现稻田养鱼高产的物质保证。

坑凼旁种瓜以种丝瓜较好，瓠瓜、苦瓜、扁豆、刀豆等亦可；田埂上种菜可根据需要和季节合理组合（或间作、套作）。坑凼、鱼沟面积一般占稻田面积的5%～10%为宜，并尽量挖深一点（1～1.5米），至少不浅于30厘米；搭棚高度以离田面1.5米左右为宜，棚架面积较大的也可适当高一点。夏秋季可在坑凼、鱼沟中人工放养红萍和水浮莲等做青饲料。若实行冬闲养鱼的稻田，可将坑凼稍加改善供鱼越冬。

若是放养当年繁殖的鱼种，应力争早放，一般在插秧后7～10天，秧苗返青扎根后即可放养。放养隔年较大规格的越冬鱼种则不宜过早，在插秧后20天左右放养。若放养过早，鱼会吃秧苗。放养时，将鱼种投放到鱼溜里，使鱼种经鱼沟慢慢游到稻田里觅食，以便熟悉鱼沟、鱼溜。鱼种放养和运输时，温差不可超过3℃。若温差较大，应将水温调节到基本一致后才能放鱼入田。鱼种放养应选择在晴天上午，不可在雨天或阴天放养。

7. 调节水位

正确处理水稻水位与养鱼所需水位之间的矛盾。根据水稻不同生长阶段的特点，适时调节水位。插秧后到分蘖后期，田间水深6～8厘米，以利秧苗扎根、返青、发根和分蘖，这时鱼体小，可以浅灌。中期正值水稻孕穗需要大量水分，田水逐渐加深到15～16厘米，这时鱼渐长大，游动强度加大，食量增加，加深水位有利鱼生长。晚期水稻抽穗灌浆成熟，要经常调整水位，一般应保持在10厘米左右。

8. 防洪抗旱

根据各地稻田养鱼经验，防洪抗旱是重要的环节，特别是洪涝灾害频发的地区。干旱时要注意蓄水保鱼，节约用水；暴雨来临时要做好准备，防止田水满溢逃鱼。如果稻田有鱼坑，可把鱼集中在鱼坑中，然后四周用网拦住，或者在鱼坑上面加网罩，可起到保鱼防逃的作用。

9. 防治敌害

稻田养鱼有鸟、鼠、蛇、水生昆虫等多种敌害，对鱼危害极大。主要防治方法分别如下。

(1) 鸟类 稻田养鱼的害鸟有苍鹭、鹰、红咀鸥、翠鸟等,一般可人为驱赶或利用装置诱捕器捕捉。近年来,白鹭已成为威胁稻田养鱼安全的头号害鸟。预防白鹭理想的措施是在养鱼田上空安装塑料网,还可在田中养萍,使鸟看不见鱼而达到防鸟目的。翠鸟喜欢在高处栖息,在大田中插上木桩,再在桩上安装老鼠夹,翠鸟站在老鼠夹上时,脚被夹住不能逃脱而被捕捉,效果较好。由于捕到翠鸟是活的,直接放回自然界它会重新回来吃鱼,最好的办法是将鸟放在远离农田的其他地方,可免除翠鸟之害。

(2) 鼠类 稻区主要有褐家鼠、黄毛鼠、小家鼠等,它们不但咬断稻株吃穗,而且捕食田中养殖鱼类。可用鼠药杀灭,使用时注意人畜安全。

(3) 蛇类 主要害蛇有泥蛇、银环蛇、水赤练蛇等,可用网围不让蛇类进入大田。

(4) 害虫类 主要有水蜈蚣、田鳖、松藻虫、红娘华等,这些害虫可用敌百虫杀灭。方法是:每立方米水体用 90% 敌百虫 0.5 克泼洒。少数田还有蚂蟥,蚂蟥常用吸盘吸住鱼的眼睛,使鱼发炎以至眼球脱落。防治方法:养鱼稻田在翻耕施肥后每 667 米² 用生石灰 50 千克兑水成浆遍洒,并在田埂四周多洒浆水,以消灭蚂蟥、黄鳝、泥鳅等。

10. 做好防暑降温工作

稻田中浅水区水温在盛夏期常达 38～40℃,已超过有些鱼(如鲤)的致死温度,如不采取措施,轻则影响鱼的生长,重则引起大批死亡。因此当水温达到 35℃以上时,应及时换水降温或适当加深田水,做好鱼类避高温工作。

(二) 鱼种规格和放养密度

1. 放养规格

放养规格与养殖目的有关:若为培养小规格鱼种,则放养夏花鱼苗,如利用秧田、早稻田培育草鱼、鲫或鲤鱼种,也可将附着鲤鱼卵的鱼巢直接放入秧田孵化;若为培养大规格鱼种,可放养 3～

5 厘米的鱼种；若为培养成鱼，应放养全长 16~25 厘米的大规格鱼种，如四川省邛崃市牟礼镇稻田养成鱼，要求放养的鲤尾重50~150 克、草鱼尾重 150~250 克。放养规格不同的鱼种，防逃拦网的选择也应不同，应随鱼规格的不同而变化。

2. 放养密度

放养密度与鱼种规格，沟溜、坑凼的面积和水稻种植方式有关，沟溜、坑凼面积大时，密度可大一些，鱼种规格大时应少放一些。一般每 667 米^2 放养量控制在 100~150 千克。

（三）放养时间及放养前处理

1. 放养时间

稻田养鱼放鱼的时间取决于放养规格和种类。当培育鱼种时，在秧田撒稻种、早稻田插秧前开好鱼沟、装好鱼栅后放鱼；而放养 7 厘米左右的鲤夏花鱼种时，需在秧苗返青后放养，以免鱼吞食秧苗，隔年草鱼种必须在水稻圆秆及有效分蘖结束后才放入田中。目前，许多地方稻田养鱼为延长鱼的生长期，早在插秧前就将鱼苗或鱼种投放到鱼溜、鱼凼中，待秧苗返青后加深水位，打通鱼沟、鱼道，放鱼入田。

稻田多种鱼混养时，各种鱼是同时投放还是分批放养受天然饵料的数量限制，一般是一次投足，也有轮捕轮放的做法。如单季稻田周年养鱼时，水稻收割淹青后浮游生物才大量繁殖，此时必须增投鲢鳙鱼种，以充分利用饵料资源。

2. 放养前处理

放鱼前 10~15 天，鱼凼、鱼沟、鱼溜用生石灰消毒，其方法同池塘清塘。鱼苗、鱼种放养前用2%~4%的食盐水浸泡 3~5 分钟，也可用 8 毫克/千克硫酸铜，或 10 毫克/千克漂白粉，或 20 毫克/千克高锰酸钾液浸泡鱼体。鱼种大、水温低时，浸泡时间长；反之则短。通过浸泡可预防多种鱼病。需要注意的是，不同鱼类对高锰酸钾以及硫酸铜的敏感性不同，若套养不同鱼类，特别是无鳞鱼，在浸泡过程中需要观察鱼种情况，若反应激烈，应及时减小浸泡药物浓度和时间。

(四)稻田养鱼施肥技术

1. 施肥要求

合理的稻田施肥,不仅可以满足水稻生长对肥分的需要,而且能增加稻田水体中的饵料生物量,为鱼类生长提供饵料保障。施肥的种类、数量及方式各不同,但均要确保鱼类安全,不致造成肥害。

2. 施肥原理

施肥后一部分肥料溶解在水中,一部分被土壤吸收,一部分被水稻吸收。水稻通过稻根的毛细管吸收溶于水中的肥料,其作用是直接的。而肥料对养鱼来讲其作用是间接的,具体反映在三个方面:一是施肥后养分被浮游植物吸收,通过光合作用,大量繁殖的浮游植物作为饵料被鱼摄食;二是以浮游植物为食的浮游动物及细菌作为饵料被鱼摄食;三是有机肥中的碎屑可直接被鱼摄食,如刚施下的鸡粪、猪粪,发现有鱼来觅食,证明鸡粪、猪粪中有一些有机碎屑为鱼所直接利用。

3. 施肥原则

以有机肥为主,宜少施或不施用化肥。

有机肥施入稻田后分解较为缓慢,肥效时间长,有利于满足水稻较长生长阶段内对养分的基本要求,同时能为养殖鱼类提供部分天然饵料,满足鱼生长需要。多施有机肥可减少化肥用量。浙江省温州市永嘉县界坑乡兴发村利用草籽田养鱼,水稻用肥仅用复合肥20千克就是一个例子。值得注意的是,有机肥未发酵施入大田后要消耗大量氧气,同时产生硫化氢、有机酸等有毒有害物质,数量过多会直接威胁稻田放养鱼类的安全。

化肥肥效快,宜作追肥。从肥料种类看,氮素肥料主要有尿素、硫酸铵、碳酸氢铵等;磷肥有钙镁磷肥、过磷酸钙等;钾肥有氯化钾等。

4. 注意事项

(1)要适温施肥 水稻适宜生长的水温范围为 15~32℃,随水温升高,肥料利用速率越快。在 25~30℃时,肥料利用速率最大。对养鱼来讲，高温施肥，由于肥料分解快、毒性强，容易使鱼中毒死亡。浙江省温州市永嘉县大若岩镇银泉村一农户曾在水温36℃时每667米^{2}施尿素2.5千克，结果田鱼全部死亡。如果非在高温期施肥不可，采取量少次多、大田分半施肥等方法比较妥当。

（2）晴天施肥　晴天是施肥最佳时期，原因是光合作用强，对稻、鱼均有利；雨天不要施肥。

（3）天闷不要施肥　以免鱼缺氧。

（4）不要混水施肥　以免肥效损失大。

（5）一次性施足基肥　可避免因施追肥而伤鱼的事故发生。

（五）稻田夏花培育措施

1. 选好田

根据各地经验，培苗田要选择水源条件好、阳光充足、交通方便、面积适中的"硬田"，切不可选择"烂泥田"，否则鱼苗成活率很低，甚至出现培种失败。

2. 防敌害侵入

培苗田四周要用塑料网围好，以防蛇、青蛙进入，苗田注水时水要通过滤网过滤后流入大田，以防野杂鱼及其卵等随水进入，确保培苗安全。

3. 放苗前要进行清田消毒

清田首选药物是生石灰，消毒方法按常规方法进行。如果天气稳定晴好，放干田水，利用太阳光晒几天也可起到一定的消毒效果，切不可不消毒就放苗。

4. 注意鱼苗质量，"老嫩"要"扣牢"

所谓嫩苗，是指鱼苗本身的卵黄还没有耗完，专以蛋黄为食。老苗是指鱼苗本身的卵黄已耗尽，依靠水中饵料生活。"老嫩"要"扣牢"，是指鱼苗本身卵黄将耗尽就要开始向外摄食的这段时间放入大田最适时。在天气适宜的情况下，出苗4天后的鱼苗放入苗田比较合适，具体视各地天气情况而定。为了确保鱼苗质量，培种户最好与繁苗户事先进行联系，商定放苗时间。放苗时要注意密度合理，由于稻田水浅，每667米^{2}放养量掌握在5万～8万尾，同时还要注意天气,晴天上午放苗最好,并注意温差不超过 3℃。为了提高鱼苗成活率,还要做到饱食下田,方法是将熟蛋黄 1 个揉成蛋黄水后喂苗,1 个蛋黄可喂 10 万尾鱼苗。

5. 重视饲养管理

一要科学投饵施肥,确保鱼苗快速健康生长;二要分期注水,保持水中溶氧充足,水质肥、活、嫩、爽;三要及时清除水中有害生物如水蜈蚣等,可用敌百虫杀灭,用药浓度每立方米水体 0.3~0.5 克,全田泼洒。平时要精心管理,重视鱼苗培育。

五、病害防治

(一)疾病发生的病因

1. 病因种类

疾病是在致病因素作用于鱼体后,扰乱了鱼正常生命活动的一种异常的状态。一切干扰鱼体的因素,包括病原生物、养殖水环境因子(物理的、化学的)、鱼体自身的生理失调(物质代谢紊乱、免疫力下降)等,都可能引发疾病。研究鱼类疾病时,应当把外界环境因素与鱼类机体本身的内在因素有机结合起来,才能正确地了解鱼类发病的病因,从而得出准确的结论。

2. 疾病与病原生物的关系

鱼类疾病大多数是由于各种病原生物的传播和侵袭而引起的。鱼类养殖生产中常见的病原生物有病毒、细菌、真菌、寄生虫等。另外,还有一些生物直接或间接地危害着鱼类,如水鸟、凶猛鱼类、水蛇、水生昆虫、水网藻等敌害。当病原生物达到一定数量或致病性(毒力)强时,就可使养殖群体中的一部分抗病力弱的群体首先感染和生病。

3. 疾病与养殖环境的关系

鱼与其生活的环境是统一的,如果水环境因子如溶氧、酸碱度(pH)、温度、盐度、光照、透明度等异常,或底质污浊,残饵、粪便多,或养殖水中含有有毒物质,水质不能满足鱼的基本生理需求，就可能直接或间接危害鱼体从而导致疾病的发生。

（1）溶氧　水中溶氧含量对鱼类的生长至关重要。水中溶解有各种气体，主要来源有两个方面：一是由空气直接溶解于水，二是水中生物的生命活动以及底质或水中物质发生化学变化而产生。水中主要的溶解气体为氧气、二氧化碳及硫化氢等。一般情况下，水中溶氧不得低于 4 毫克/升，鱼类才能正常生长。如果溶氧过低，鱼类则容易发生浮头，严重时则引起泛塘；水中溶氧过饱和，则容易引起鱼苗、鱼种发生气泡病。水中溶氧除了日变化外，还明显存在着季节变化，通常是由水温的变动引起的。在稻田中，白天水生植物光合作用会释放氧气，特别是在下午或傍晚，溶氧常达到高峰，此时鱼不易缺氧；而在黑夜由于水生植物停止光合作用，因而清晨是水中溶氧最低的时刻，此时应注意观察鱼的活动情况。

（2）酸碱度（pH）　大多数鱼类对水体酸碱度（pH）都有一定的适应范围，通常以 pH 7.0～8.5 为最适宜，pH 低于 5 或高于 9.5，一般就会引起鱼类生长发育不良甚至死亡。

（3）温度　鱼类是变温动物，没有体温调节系统，体温随着外界温度的变化而变化。如果外界温度突然急剧变化，鱼类就会产生应激反应，情况严重时还可能会引起鱼类大量死亡。一般情况下，鱼苗下田时水温差不得超过 2℃，成鱼不得超过 5℃。

（4）光照　光是决定水域生产力高低的重要因素。水中绿色植物依赖光照将水体中的无机物转化成有机物。这些有机物就是滤食性鱼类的主要食物来源。水中悬浮物和溶解物质越多，光透入水层就越浅。因此，较深的水层，光照通常不能满足植物生长的需要，所以光照直接影响到浮游植物的垂直分布。

（5）透明度　透明度是光线渗入水层的量度，一般用萨氏盘来进行透明度的测定。它是一个金属圆盘，用油漆按对角线位置漆成黑白相间的四块。测定时将圆盘逐渐放入水底，直至恰好看不见圆盘黑白相间的轮廓为止，以此深度作为透明度的度量，以厘米为单位。透明度随不同水域、季节及水质的肥度而不一。通常在同一水域，冬季的透明度大，而夏季透明度因浮游生物繁茂而下降。水的透明度大小与水中的无机物、悬浮物以及是否有大量藻类存在有关。洁净的水，其透明度可达数米，这种水溶氧丰富，但浮游生物数量少，只适宜养吃食性鱼类。在稻田富营养化的自然水域中，有时透明度只有30～50厘米，这种水体只要溶氧量高，就适宜养滤食性鱼类。

（6）水中化学成分和有毒物质　鱼类如果长期生活在汞、镉、铅、铬、镍、铜等重金属盐含量较高的水体中，容易引起弯体病或慢性中毒等。若水体中排入大量含有石油、酚、氰化物、有机磷农药等的污水，则容易引起鱼类中毒大量死亡。水体中的有机物、水生生物等在腐烂分解的过程中，不仅会消耗大量水中溶氧，而且还会释放出大量硫化氢、沼气等有毒有害气体，导致鱼类发病和死亡。

4. 疾病与鱼体自身的关系

首先，不同种类和年龄的鱼在营养、摄食、鳞片、皮肤、黏液层、内分泌等方面存在差异，因而其疾病的发生与否是不一样的，这是因为不同种的免疫力和年龄大小并不一致。其次，养殖群体中可能存在某一易感性个体。所谓易感性个体，即是指抗病力弱的个体。只有当病原体入侵到抗病力弱的鱼体时，才会引起疾病的发生和蔓延。鱼体自身对疾病都有抵抗力，即鱼体的免疫力，是鱼类机体本身的内在因素。鱼类机体自身免疫力的强弱，对鱼类是否发生疾病具有至关重要的作用。实践证明，当某些流行性鱼病发生时，在同一田内的同种类、同龄鱼中，有的患病严重死亡，有的患病轻微、逐渐痊愈，有的不被感染。

（二）常用药物

1. 抗菌药

抗菌药是指用来治疗细菌性传染病的一类药物，它对病原菌具有抑制或杀灭作用。抗菌药从来源上看，可以分为以下三种。①抗生素，是微生物产生的天然物质，对其他细菌等微生物有抑制或杀灭作用，如青霉素、庆大霉素、四环素等；②半合成抗生素，是以抗生素为基础，对其化学结构进行改造而获得的抗菌药，如氨苄西林、阿米卡星、多西环素、利福平等；③完全由人工合成的抗菌药，如喹诺酮类、磺胺类药物等。

（1）强力霉素　强力霉素（多西环素）是一种长效、高效、广谱的半合成四环素类抗生素，抗菌谱与四环素、土霉素相似，但抗菌活性较四环素、土霉素强，微生物对本品与四环素、土霉素等有密切的交叉耐药性。强力霉素盐酸盐为黄色结晶性粉末，无臭、味苦，在水或甲醇中易溶。强力霉素内服吸收良好，有效血药浓度维持时间较长。内服治疗的剂量为每千克鱼体重30～50毫克/天，分2次投喂，连用3～5天。本品有吸湿性，应遮光、密封保存于干燥处。

（2）氟苯尼考　氟苯尼考（氟甲砜霉素）为白色或类白色结晶性粉末，无臭，微溶于水。氟甲砜霉素为动物专用的广谱抗生素，主要用于防治鱼类由气单胞菌、假单胞菌、弧菌、屈挠杆菌和爱德华菌等细菌引起的疾病。本品是甲砜霉素的氟衍生物，抗菌谱和甲砜霉素基本相同。内服治疗的剂量为每千克鱼体重10～20毫克/天，分2次投喂，连用3～5天。

（3）诺氟沙星　诺氟沙星（氟哌酸）为类白色至淡黄色结晶性粉末，无臭，味微苦，在水或乙醛中极微溶解。该药是第三代含氟喹诺酮类抗菌药物，能迅速抑制细菌的生长、繁殖和杀灭细菌，且对细胞壁有很强的渗透作用，因而杀菌作用更加增强。不易产生耐药性，与同类药物之间不存在交叉耐药性。用于防治鱼类由气单胞菌、假单胞菌、弧菌、屈挠杆菌和爱德华菌氏等细菌引起的疾病。内服治疗的剂量为每千克鱼体重20～50毫克/天，分2次投喂，连用3～5天。本品禁与利福平配伍。

（4）恩诺沙星　恩诺沙星为微黄色或类白色结晶性粉末，无臭，味微苦，易溶于碱性溶液，在水、甲醇中微溶。本品为合成的第三代喹诺酮类抗菌药物，又名乙基环丙沙星，为动物专用喹诺酮类抗菌药物，具有广谱抗菌活性、很强的渗透性，对革兰氏阴性菌和革兰氏阳性菌都有很强的杀灭作用，与其他抗菌素无交叉耐药性。对气单胞菌、屈挠杆菌、弧菌和爱德华氏菌等水生动物致病菌都具有较强的抑制作用。内服治疗的剂量为每千克鱼体重20～40毫克/天，分2次投喂，连用3～5天。禁与利福平配伍。

2. 环境改良与消毒药

环境改良与消毒药是指能用于调节养殖水体水质、改善水产养殖环境、去除养殖水体中有害物质和杀灭水体中病原微生物的一类药物。

（1）漂白粉　为白色颗粒状粉末，主要成分是次氯酸钙，能溶于水，溶液浑浊，有大量沉淀。稳定性较差，遇日光、热、潮湿等分解加快。漂白粉是目前水产养殖使用较为广泛的消毒剂和水质改良剂，在水产养殖中主要用于清塘、水体消毒、鱼体消毒和工具的消毒等。漂白粉溶于水后产生次氯酸和次氯酸根，次氯酸又可放出活性氯和初生态氧，从而对细菌、病毒、真菌孢子及细菌芽孢有不同程度的杀灭作用。清沟（凼）消毒：干田清沟（凼），漂白粉用量为每立方米水体22克；带水清沟（凼），每立方米水体20克全池遍洒。在疾病流行季节（4—10月），每立方米水体1～2克全池泼洒预防细菌性疾病。市售漂白粉含有效氯一般为25%～32%，若含量低于15%则不建议使用。

（2）二氧化氯　为广谱杀菌消毒剂、水质净化剂。二氧化氯具有极强的氧化作用，能使微生物蛋白质中的氨基酸氧化分解，达到灭菌的目的。其杀菌作用很强，在pH 7的水中，每立方米水体不到0.7克的剂量5分钟内能杀灭一般肠道细菌等致病菌。在pH 6～10范围内，其杀菌效果不受pH变化的影响；受有机物的影响甚微，对人、畜、鱼无害；在安全浓度范围内，对鱼刺激性较小，不影响鱼的正常摄食。在水产养殖上，二氧化氯主要用于杀灭细菌、芽孢、病毒、原虫和藻类。水体消毒时，一般使用剂量为每立方米水体0.1～0.2克的浓度全池遍洒。鱼种消毒使用浓度为每立方米水体0.2克，浸洗5～10分钟。

（3）聚维酮碘　为黄棕色至红棕色无定形粉末，在水或乙醇中溶解，溶液呈红棕色，酸性。该药含有效碘9%～12%，为广谱消毒剂，对大部分细菌、真菌和病毒等均有不同程度的杀灭作用，主要用于鱼卵、鱼体消毒和一些病毒病的防治。遍洒浓度为每立方米水体 0.1~0.3 克。浸浴浓度为每立方米水体 60 克，浸浴 15~20 分钟。

(4) 戊二醛　市售戊二醛的含量为 $25\%\sim50\%$（重量/体积），是无色或淡黄色的油状液体。该药为强杀消毒药，在碱性水溶液（pH 7.5~8.5）的杀菌作用较福尔马林强 2~10 倍，可杀灭细菌、芽孢、真菌和病毒，具有广谱、高效、速效和低毒等特点。浸浴浓度为 $0.5\%\sim2\%$，10~30 分钟，可较好地杀灭鱼体表的病毒、细菌等病原微生物。

(5) 氧化钙　又称生石灰，为白色或灰白色的硬块；无臭；易吸收水分，水溶液呈强碱性。在空气中能吸收二氧化碳，渐渐变成碳酸钙而失效。本品为良好的消毒剂和环境改良剂，还可清除敌害生物，对大多数繁殖型病原菌有较强的杀灭作用。能提高水体碱度，调节池水 pH；能与铜、锌、铁、磷等结合而减轻水体毒性，中和池内酸度，增加 CO_2，提高水生植物对磷的利用率，促进池底厌氧菌群对有机质的矿化和腐殖质分解，使水中悬浮的胶体颗粒沉淀，透明度增加，水质变肥，有利于浮游生物繁殖，保持水体良好的生态环境；可改良底质，提高池底的通透性，增加钙肥。带水清沟（凼），一般水深 1 米用量 75~400 克/米²。在疾病流行季节，可根据具体情况遍洒 1~2 次，用量为每立方米水体 20~30 克，但使用时注意避免大面积泼洒到水稻根部。

3. 杀虫药

(1) 硫酸铜　别名蓝矾、胆矾，为蓝色透明结晶性颗粒，或结晶性粉末，可溶于水。对寄生于鱼体上的鞭毛虫、纤毛虫、斜管虫以及指环虫、三代虫等均有杀灭作用。杀虫机制是游离的铜离子能破坏虫体内的氧化还原酶系统（如巯基醇）的活性，阻碍虫体的代谢或与虫体的蛋白质结合成蛋白盐而起到杀灭作用。浸浴：水温 15℃，8 毫克/升，浸浴 20~30 分钟。该药药效与水温成正比，并与水中有机物和悬浮物量、盐度、pH 成反比。该药安全浓度范围小，毒性较大，因此要准确计算用药量。

（2）敌百虫　本品为白色结晶，有芳香味，易溶于水及醇类、苯、甲苯、酮类和氯仿等有机溶剂。敌百虫是一种低毒、残留时间较短的杀虫药，不仅对消化道寄生虫有效，同时可用于防治体外寄生虫。其杀虫机理是通过抑制虫体胆碱酯酶活性，使胆碱酯酶减弱或失去水解破坏乙酰胆碱的能力，乙酰胆碱大量蓄积使昆虫、甲壳类、蠕虫等的神经功能失常，而呈现先兴奋、后麻痹死亡。该药主要用于防治体外寄生虫，如指环虫、三代虫、锚头鳋、中华鳋和鱼鲺等；同时也可内服驱杀肠内寄生的绦虫和棘头虫等，此外还可杀死对鱼苗、鱼卵有害的剑水蚤及水蜈蚣等。鱼沟（凼）泼洒：2.5%敌百虫粉剂使水体浓度达到1～4毫克/升或90%晶体敌百虫和面碱合剂（1∶0.6），使水体浓度达0.1～0.2毫克/升；浸浴：90%晶体敌百虫5～10毫克/升，浸泡10～20分钟。

（3）溴氰菊酯　本品为白色结晶粉末，难溶于水，易溶于丙酮、苯、二甲苯等有机溶剂，在阳光、酸、中性溶液中稳定，遇碱迅速分解。溴氰菊酯是一种拟除虫菊酯类杀虫剂，其杀虫机理是药物改变神经突触膜对离子的通透性，选择性地作用于膜上的钠通道，延迟通道活门的关闭，造成 Na^+ 持续内流，引起过度兴奋、痉挛，最后麻痹而死。主要用于预防和治疗中华鳋、锚头鳋、鱼鲺等甲壳类寄生虫疾病。将 2.5%溴氰菊酯乳油充分稀释后，以 0.01～0.015毫升/米³ 的浓度于鱼沟（凼）均匀泼洒。

（三）常用药物的使用方法

渔药的给药方法会影响水产动物对渔药吸收的速度、吸收量以及血药浓度，从而影响渔药作用的快慢与强弱，甚至会影响作用的性质。一般来说，制剂和剂型决定了给药方法。体外用药一般是发挥药物的局部作用，体内用药除了驱除肠内寄生虫和治疗由细菌导致的肠炎外，主要是发挥药物的吸收作用。

1. 内服法

内服法是将药物与饲料拌以黏合剂制成适口的颗粒药饲投喂，以杀灭体内的病原体或增强抗病力的给药方法。一般来说，易被消化液破坏的渔药不宜口服，如链霉素等。当患病鱼食欲下降或丧失时，由于摄取药饵较少，渔药达不到理想防治效果。在饲料中添加抗生素类渔药或长期、大量投喂药饵，易产生耐药性。有些有异味的渔药内服，会影响鱼类的摄食而不能达到防治效果。

2. 药浴法

药浴法是将渔药溶解于水中，使水产动物与含有药物的水溶液接触，以达到驱除体外病原体的一种给药方法。渔药的水溶性、渗透性以及毒性通常会直接影响作用效果。该法主要有以下几种类型：

（1）浸浴　将鱼类集中在较小容器、较高浓度药液中进行短期强迫药浴，以杀灭鱼体外病原体的方法。

（2）遍洒　将药液全塘（田、沟、凼）遍洒，使水体中的药物达到一定浓度，以杀灭鱼体外及水中的病原体。

（3）挂袋　在食场周围悬挂盛药的袋或篓，形成一消毒区，当鱼来摄食时消灭其体外病原体的给药方法。

3. 注射法

注射法是将高浓度的药液注入鱼体内，使其通过血液（体液）循环迅速达到用药部位，以控制水产动物疾病的方法。常用的有腹腔注射、肌肉及皮下注射。一般来说肌肉注射比皮下注射吸收快，皮下注射药效久；腹腔注射吸收速度快，效果好，但有些刺激性的渔药会对鱼类产生不良效果，这类渔药不宜采用腹腔注射的方式。

4. 涂抹法

涂抹法是将较浓的药液（药膏）涂抹在患病鱼类体表处以杀灭病原体的方法。使用涂抹法时，应防止药液（药膏）流入鳃、口等对渔药敏感的部位。此外，渔药的渗透性、药液（药膏）涂抹鱼体后离水放置的时间以及涂抹的操作对药效作用有较大的影响。

（四）鱼病诊断方法

1. 现场调查

（1）调查发病环境和发病史

①调查养鱼环境。通过调查水源情况、工厂情况、电力配套情况等，确定该环境是否适合水产养殖。

②调查养鱼史和发病史。了解养殖年限，如新田发生传染病的机会小，但发生弯体病的机会较大；了解最近几年发生过什么水产动物疾病，采取过哪些措施以及防治效果如何等，为疾病的临床诊断奠定基础。

（2）调查水质情况

①水温。水温的高低，直接影响鱼类的生存与生长。例如，鲤属于温水性鱼，适宜水温 15～25℃。在水温达到 25℃以上时，一些病毒与细菌的毒力明显增强，而 20℃以下则较少发生，但也有一些疾病在温度较低时发生，如小瓜虫病在水温 15～20℃时发生流行，温度超过 25℃时，不易流行。另外，在鱼苗下田时，要求田内水温度相差不超过 2℃，鱼种不超过 4℃，如果温差过大会引起大量死亡。

②水色和透明度。养鱼水体的水色和透明度与水质的好坏、鱼病的发生有着密切的关系。

③pH。鱼类能够安全生活的 pH 范围是 6～9。pH 高限为 9.5～10，低限为 4～5。

④溶氧。在成鱼阶段可允许溶氧为 3 毫克/升，当溶氧降到 2 毫克/升以下时就会发生轻度浮头，降到 0.6～0.8 毫克/升时严重浮头，而降到 0.3～0.4 毫克/升时就开始死亡。

⑤水的化学性质。如硫化氢、氨氮和亚硝酸盐含量等，这些都有可能是引起水生动物发病的重要原因。

（3）调查饲养管理情况　鱼发病常与饲养管理不善有关。需要对放养密度、鱼种来源（是否疫源地）、饲料质量、施肥情况、操作情况等进行了解。

（4）调查养殖动物的异常表现　调查养殖动物的死亡数量、死亡种类、死亡速度、发病鱼类的活动状况等。

（5）调查田间用药情况　调查包括防治水稻病虫害的农药及防治鱼病的渔药施用情况。

2. 肉眼检查

（1）体表的检查　对刚死不久或濒临死亡的病鱼的体色、体型和头部、嘴、眼睛、鳃盖、鳞片、鳍条等仔细观察，并记录。

（2）鳃的检查　肉眼对病鱼鳃部的检查，重点观察鳃丝、鳃片的颜色是否正常，黏液是否增多，鳃丝是否腐烂和有无异物附着等。

（3）内脏的检查

①鱼类的解剖方法。用左手将鱼握住（如果是比较小的鱼，可在解剖盘上用粗硬镊子把鱼夹住进行解剖），使腹面向上，右手用剪刀的一支刀片从肛门插入，先从腹面中线偏向准备剪开的一边腹壁，向横侧剪开少许，然后沿腹部中线一直剪至口的后缘。剪的时候，避免将腹腔里面的肠或其他器官剪破。沿腹线剪开之后，再将剪刀移至肛门，朝向侧线，沿体腔的后边剪断，再与侧线平行地向前一直剪到鳃盖的后缘，剪断其下垂的肩带骨，然后再向下剪开鳃腔膜，直到腹面的切口，将整块体壁剪下，体腔里的器官即可显露出来。

②检查顺序。当把鱼解剖开后，不要急于把内脏取出或弄乱，首先要仔细观察显露出来的器官，有无可疑的病象，同时注意肠壁上、脂肪组织、肝脏、胆囊、脾、鳔等有无寄生虫。肉眼检查内脏，主要以肠道为主。首先观察是否有腹水和肉眼可见的大型寄生虫；其次仔细观察有无异常现象；最后用剪刀将靠咽喉部位的前肠和靠肛门部位的后肠剪断，把肝、胆、鳔等器官逐个分开。先观察肠外壁，再把肠道从前肠至后肠剪开，分成前、中、后三段。检查肠时，要注意观察内容物的有无等。

③镜检。用显微镜、解剖镜或放大镜检查鱼病组织、器官或病理性产物的过程，称为镜检。检查比较大的病原体，如蠕虫、软体动物幼虫、寄生甲壳动物等宜用放大镜或解剖镜；检查比较小的寄生虫，甚至细菌，则要用显微镜。通常镜检的方法有玻片压缩法和载玻片法两种。玻片压缩法，将待检查的器官或组织的一部分，或将体表刮下的黏液、肠道中取出的内含物等，放在载玻片上，滴加适量的清水或生理盐水，再用另一块载玻片轻轻压成透明的薄层，然后放在低倍显微镜或解剖镜下观察。载玻片法，用小剪刀或镊子

取一小块组织或一小滴内含物放在一干净的载玻片上，滴加一小滴清水或生理盐水，盖上干净的盖玻片，轻轻地压平后先用低倍镜观察，若发现有寄生虫或可疑现象，再用高倍镜观察。

（五）鱼类常见疾病及预防措施

1. 水霉病

（1）病因及症状　该病主要发生在 20℃ 以下的低水温季节。鱼类在越冬期或开春季节时，因鱼体的损伤、鳞片脱落，导致水霉菌入侵，在病灶处迅速繁殖，长出许多棉毛状的水霉菌丝。病鱼焦躁不安，游动缓慢，食欲减退，鱼体消瘦终至死亡。

（2）防治方法

①在捕捞搬运和放养时尽量避免鱼体受伤，使水霉菌难以侵入，同时注意放养密度要合理。

②鱼入田前可用浓度为 3‰～4‰ 的食盐水浸洗鱼体 5～15 分钟，进行鱼体消毒。

③发生水霉病时，可用 0.4 克/升的食盐与小苏打合剂全田泼洒或浸洗病灶；旱烟叶每 667 米² 10 千克，煮水全田泼洒；五倍子碾碎煮水全田泼洒，用药每立方米水体 4 克。

2. 小瓜虫病

（1）病因及症状　流行于初冬和春末，水温为 15～25℃ 时，小瓜虫寄生或侵入鱼体而致病。肉眼可见病鱼体表、鳃部有许多小白点（即小瓜虫）。此病流行广、危害大，密养情况下尤为严重。病鱼游动迟缓，浮于水面，有时集群绕田游动。

（2）防治方法

①放养前必须用生石灰清田沟（凼）消毒，以杀灭病原；

②合理掌握放养密度，放养时进行鱼体消毒，防止小瓜虫传播；

③放养后，发病时采用亚甲基蓝全田泼洒，效果甚佳；

④发病时，也可用 90% 晶体敌百虫全池泼洒；

注：不可用硫酸铜与硫酸亚铁合剂，因其对小瓜虫无效，且还会加重病情。

3. 斜管虫病

（1）病因及症状　流行于初冬或春季，斜管虫寄生于鱼鳃及皮肤上而致病。病灶处呈苍白色，病鱼消瘦发黑，呼吸困难，漂游水面。此病危害极大，能在 3～5 天内使鱼大量死亡。

（2）防治方法

①用浓度为 4% 的食盐水或用 0.7 毫克/米^3 硫酸铜浸浴病鱼半小时；

②用 0.7 毫克/米^3 的硫酸铜和硫酸亚铁按 5∶2 全田泼洒；或每立方米水体用 0.7 毫克硫酸铜全田泼洒，保持水温在 20℃ 以上，以减少患病。

4. 车轮虫病

（1）病因及症状　流行于初春、初夏和越冬期。车轮虫寄生于皮肤、鳍和鳃等与水接触的组织表面而致病。病鱼体色发黑，摄食不良，体质瘦弱，游动缓慢。有时可见体表微发白或瘀血，鳃黏液分泌多，表皮组织增生，鳃丝肿胀，呼吸困难，最终窒息死亡。

（2）防治方法

①定期检查，掌握病情，及时治疗。

②每立方米水体用 0.7 毫克的硫酸铜与硫酸亚铁合剂（5∶2）全池泼洒，情况严重的连用 2～3 次。

5. 指环虫病

（1）病因及症状　多发于夏、秋季及越冬期，流行普遍。指环虫以锚钩和边缘小钩钩住鳃丝不断运动，造成鳃组织损伤。病鱼鳃部多黏液，鳃丝肿胀，体色发黑，不摄食。此病往往与车轮虫病并发，严重时可使大批鱼死亡。

（2）防治方法　用 0.3 毫克/升的晶体敌百虫全池泼洒，每天1 次，连续 2 天。

6. 细菌性赤皮病

（1）病因及症状　主要发生于越冬期。荧光极毛杆菌入侵鱼体，病灶周围鳞片松动，充血发炎，体表溃烂，背鳍两侧、鳃盖中部的色素消退。

(2) 防治方法　捕捞、运输中小心操作,以防机械性损伤。发病前宜用食盐或漂白粉浸洗消毒。发病时每立方米水体用含氯量30%的漂白粉1克全池泼洒。

7. 细菌性烂鳃病

(1) 病因及症状　细菌性烂鳃病是一种常见病和多发病,是由柱状黄杆菌(国内曾称之为"鱼害黏球菌")感染而引起的细菌性传染病。该菌菌体细长,两端钝圆,粗细基本一致。菌体长短很不一致,大多长2~24微米,最长的可达37微米以上,宽0.8微米。较短的菌体通常较直,较长的菌体稍弯曲,有时弯成圆形、半圆形、V形或Y形。病鱼游动缓慢,体色变黑。发病初期,鳃盖骨的内表皮往往充血、糜烂,鳃丝肿胀。随着病程的发展,鳃盖内表皮腐烂加剧,甚至腐蚀成一圆形不规则的透明小区,俗称"开天窗"。鳃丝末端严重腐烂,呈"刷把样",其上附有较多污泥和杂物碎屑。该病从鱼种至成鱼均可受害,一般流行于4—10月,尤以夏季流行为盛,流行水温15~30℃。

(2) 防治方法　预防本病应做到鱼种下田前用10毫克/升的漂白粉或15~20毫克/升的高锰酸钾药浴15~30分钟,或用2%~4%的食盐水溶液药浴5~10分钟。在发病季节,每月全池遍洒1~2次15~20毫克/升的生石灰。养殖期内,每半个月全池泼洒0.3~0.5毫克/升的二氯异氰尿酸钠或三氯异氰尿酸,或0.1~0.2毫克/升的二氧化氯。该病发生时,可采用药物泼洒和拌饲投喂的方式配合进行治疗。氟哌酸每天每千克体重10~30毫克拌饲投喂,连喂3~5天;或磺胺-2,6-二甲嘧啶每天每千克体重100~200毫克,磺胺-6-甲氧嘧啶每天每千克体重100~200毫克拌饲投喂,连喂5~7天。

第三章

典型案例分析

第一节　典型案例（一）

一、基本信息

种养负责人杨福明。种养地点位于成都市崇州市隆兴镇黎坝村基地，距成都35千米，属都江堰灌区，自流灌溉、土壤保水力强、田块平整、农业基础设施完善，具有实施稻渔综合种养的良好条件，地处"崇州市十万亩粮食高产稳产高效综合示范区"的核心区。从2014年开始开展稻渔综合种养7.2公顷，养殖模式有"稻-鱼""稻-蟹"和"稻-鳖"，其中"稻-鱼"模式主要养殖瓯江彩鲤，面积约1.5公顷，有一定的养殖经验，多年为周边农户提供稻渔综合种养示范。

二、技术要点

1. 时间节点

5月上旬，进行稻田工程建设，完成鱼沟、鱼凼开挖（清淘）和进排水设施及拦鱼设施建设；5月中下旬，完成水稻栽插，实行"基肥一道清"和放鱼准备；6月上旬，完成放鱼及水稻前期管理；6月中旬至8月中旬，进行水稻管理和养殖管理，完善生物防控措施；8月下旬至9月上旬，完成水稻收割，开始销售水产品（表3-1）。

表 3-1　种养和收获情况

品种	种养			收获		
	时间	平均规格（克/尾）	每 667 米² 放养量（尾）	时间	平均规格（克/尾）	每 667 米² 收获量（千克）
瓯江彩鲤	6 月上旬	100	250	9 月中旬	325	77.2
草鱼	6 月上旬	300	15	9 月中旬	1 300	18.2
水稻	5 月下旬	—	—	9 月上旬	—	—
合计			265			95.4

2. 关键技术

（1）稻田选择　选择土壤保水力强、水源条件好、田块平整、向阳、进排水方便的田块。

（2）水稻品种选择　选择耐肥、抗倒伏、抗病虫、稳产、口感好的水稻品种，黎坝村基地选择的是宜香优 2115。

（3）稻田工程建设

①以机械挖方为主，人工修整为辅，修建环沟和暂养池，整个环沟和暂养池面积占整块田面积的 8%～10%，田埂夯实不漏水。

②紧挨田埂 0.5～1.5 米开挖一条宽 1.5～2 米环沟（注意留 0.5 米的"二码台"作为田埂护坡区，防止田埂垮塌）。

③沟深 1.2～1.5 米，环沟底部宽度 1 米以上，作为养殖区；环沟截面为倒梯形，上宽下窄，夯实田埂，所挖田土用于加高加固四周田埂。

④进、排水口均需要用网片过滤，以防敌害进入和鱼种逃跑，网片孔目视所养鱼规格而定，以不逃鱼、不阻水为原则。

（4）鱼种投放

①每 667 米² 投放约 100 克/尾的瓯江彩鲤 250 尾，搭配约 300 克/尾的草鱼 15 尾。

②投放鱼种应无病、无伤、体质健壮，秧苗返青后投放；运鱼水温和田水水温温差应≤3℃，否则要调节水温，并使用 3%～5% 的食盐水浸泡鱼种 5～10 分钟或用 20 毫克/升的高锰酸钾溶液浸洗 20 分钟，以杀灭鱼体表病菌及寄生虫。

③放养时要细致、快速、不伤鱼体。

（5）田间管理

①在暂养池或鱼沟内设置食台，投喂专用颗粒饲料（蛋白含量25％左右）。

②投喂坚持"四定"原则，每日投饲量为池中鱼苗总体重的3％～5％，具体视天气情况和鱼苗吃食情况而定。

③早晚巡田，做好生产记录，检查田埂有无垮塌危险、是否漏水、拦鱼栅是否破损堵塞，及时清理进排水口的拦鱼设备；观察鱼的活动、吃食情况、有无鱼病发生，发现问题及时解决。

④注意防治水鸟、水蛇、田鼠等敌害。

（6）病害防治

①每隔15～20天进行水体消毒。方法是每667米² 稻田用生石灰3～4千克或二氧化氯制剂0.04～0.08千克均匀泼洒鱼沟。

②鱼病流行季节定期进行药饵预防。方法是每半月在5千克饲料中添加氟苯尼考2.5克，鱼用多维10克和三黄粉5克，连喂3天。

③采取性诱、光诱、色诱等生物防控措施防治水稻病虫，如确需用药，选择高效、低毒、消解快、残留低的生物农药。

（7）产品收获

①通过开展田间捕捉及垂钓，在田边销售水产品。

②通过加工包装、培育品牌，线上线下销售稻米。

三、经济效益分析

1. 养殖支出

①鱼种每667米² 投入663元，其中瓯江彩鲤600元，草鱼63元，14 674米² 共计投入14 586元；

②稻种每667米²65元，14 674米² 共计1 430元；

③田租每667米²600元，14 674米² 共计13 200元；

④基础设施建设，主要为开挖环形鱼沟费用，每667米²500元，按两年摊销，每年每667米²250元，14 674米² 共计5 500元；

⑤工资（耕作、插秧收割、管理）按每667米² 投入910元计

算，14 674 米² 共计 20 020 元；

⑥饲料每 667 米² 投入 390 元，14 674 米² 共计 8 580 元；

⑦其他支出共计 440 元。

养殖成本合计 63 756 元。

2. 养殖收入

①瓯江彩鲤售价按 30 元/千克计算，每 667 米² 产 77.2 千克，14 674 米² 共计 50 952 元；草鱼售价按 24 元/千克，每 667 米² 产 18.2 千克，14 674 米² 共计 9 609.6 元；

②水稻每 667 米² 产量为 550 千克，可加工包装 250 千克稻米，通过创立品牌售价 9 元/千克，共计 49 500 元。

稻米和水产品收入合计 110 061.6 元。

3. 利润

1.5 公顷稻鱼综合种养模式总利润为 46 305.6 元，每 667 米² 利润为 2 104.8 元，其中水稻利润 900 元以上，水产品利润 1 100 元以上（表3-2）。

表3-2 经济效益核算表

项目	收支项目	金额（元）	合计金额（元）	备注
收入	瓯江彩鲤	50 952	110 061.6	
	草鱼	9 609.6		
	水稻	49 500		
支出	鱼种	14 586	63 756	①水稻产量每667米²550千克，以产稻米250千克计算，通过自创品牌，批发价9元/千克。②基建（挖沟费用）按两年摊销，每年开支250元。
	稻种	1 430		
	田租	13 200		
	基建（沟、防逃、哨棚）	5 500		
	工资（耕作、插秧收割、管理）	20 020		
	饲料	8 580		
	其他	440		
	总利润		46 305.6	
	每667米²利润		2 104.8	

四、发展经验

1. 控制生产流程

严格按照《崇州市稻田综合种养技术规程》组织生产，做到"四个统一"（水产苗种、投喂饵料、技术标准、质量监控），把好每一个环节的质量关。

2. 选择优质品种

瓯江彩鲤经济价值高，兼具食用价值和观赏价值，作为稻鲤综合种养模式的主养品种，能够获得较高的收益。

3. 创新销售模式

开展捕鱼节、垂钓节，进行垂钓和捕捉田鱼体验活动，提高水产品价值。

4. 注重品牌培育

以"蜀州香"有机米和"陆翁牌"富硒米品牌进行线上线下销售，销售批发价 9 元/千克，水稻每 667 米^2 增收 900 元以上。

杨福明的经验是：做产品不在多，而在精，做出好产品，才能有市场。

第二节　典型案例（二）

一、基本信息

种养负责人王茂君。种养基地位于成都市崇州市集贤乡山泉村，距成都 36 千米，属都江堰灌区，自流灌溉，土壤保水力强，田块平整，农业基础设施完善，具有实施稻渔综合种养的良好条件，位于"崇州市十万亩粮食高产稳产高效综合示范区"。从 2016 年开始开展稻渔综合种养 4.73 公顷，养殖模式有"稻-鱼"和"稻-虾"，其中"稻-鱼"模式主要养殖建鲤，面积 2.07 公顷，由 3 块田构成，作为崇州市稻渔综合种养示范基地为周边农户提供示范。

建鲤养殖成本低、生长迅速、抗病力强，所以选择建鲤作为"稻-鱼"模式主养品种。养殖业主王茂君为人热情、做事踏实、勤奋好学，养殖生产亲力亲为，注重一、三产业互动，通过开办"稻香农庄"农家乐，主要销售自产的稻田鸭、稻田鱼和稻田虾，延长稻渔综合种养产业链，结合"徐家林盘""铁桅澜庭"开展乡村旅游。

二、技术要点

1. 时间节点

　　5月上旬，进行稻田工程建设，完成鱼沟、鱼凼的开挖、清淘，以及进、排水设施和拦鱼设施建设；5月中下旬，完成水稻栽插，实行"基肥一道清"和放鱼准备；6月上旬，完成放鱼及水稻前期管理；6月中旬至8月中旬，进行水稻管理和养殖管理，完善生物防控措施；8月下旬至9月上旬，完成水稻收割，开始销售水产品（表3-3）。

表3-3　种养和收获情况

品种	种养			收获		
	时间	平均规格（克/尾）	每667米²放养量（尾）	时间	平均规格（克/尾）	每667米²收获量（千克）
建鲤	6月上旬	125	200	9月中旬	485	87.5
草鱼	6月上旬	305	15	9月中旬	1 350	19.2
水稻	5月下旬	—	—	9月上旬	—	—
合计			215			106.7

2. 关键技术

　　（1）稻田选择　选择土壤保水力强、水源条件好、田块平整、向阳、进排水方便的田块。

（2）水稻品种选择　选择耐肥、抗倒伏、抗病虫、稳产、口感好的水稻品种，山泉村基地选择的是川优6203。

（3）稻田工程建设

①以机械挖方为主，人工修整为辅，修建环沟和暂养池，整个环沟和暂养池面积占整块田面积的8%～10%，田埂夯实不漏水。

②紧挨田埂0.5～1.5米开挖一条宽1.5～2米环沟（注意留0.5米的"二码台"作为田埂护坡区，防止田埂垮塌）。

③沟深1.2～1.5米，环沟底部宽度1米以上，作为养殖区；环沟截面为倒梯形，上宽下窄，夯实田埂，所挖田土用于加高加固四周田埂。

④进、排水口均需用网片过滤，以防敌害进入和鱼种逃跑，网片孔目视所养鱼规格而定，以不逃鱼不阻水为原则。

（4）鱼种投放

①每667米² 投放约125克/尾的建鲤200尾，搭配约305克/尾的草鱼15尾；

②投放鱼种应无病、无伤、体质健壮，秧苗返青后投放；运鱼水温和田水水温温差应≤3℃，否则要调节水温，并使用3%～5%的食盐水浸泡鱼种5～10分钟或用20毫克/升的高锰酸钾溶液浸洗20分钟，以杀灭体表病菌及寄生虫。

③放养时要细致、快速、不伤鱼体。

（5）田间管理

①在暂养池或鱼沟内设置食台，投喂鱼用颗粒饲料（蛋白含量25%左右）。

②投喂坚持"四定"原则，每日投饲量约为池中鱼苗总体重的3%～5%，具体视天气情况和鱼苗吃食情况而定。

③早晚巡田，做好生产记录，检查田埂有无垮塌危险、是否漏水、拦鱼栅是否破损堵塞，及时清理进排水口的拦鱼设备；观察鱼的活动、吃食情况、有无鱼病发生，发现问题及时解决。

④注意防治水鸟、水蛇、田鼠等敌害。

(6) 病害防治

①每隔 15~20 天进行水体消毒。方法是每 667 米² 稻田用生石灰 3~4 千克或二氧化氯制剂 0.04~0.08 千克均匀泼洒鱼沟。

②鱼病流行季节定期使用药饵预防。方法是每半月在 5 千克饲料中添加氟苯尼考 2.5 克，鱼用多维 10 克和三黄粉 5 克，连喂 3 天。

③采取性诱、光诱、色诱等生物防控措施防治水稻病虫，如确需用药，选择高效、低毒、消解快、残留低的生物农药。

(7) 产品收获

①通过开展田间捕捉及垂钓，在田边销售水产品，或开办农家乐销售。

②通过加工包装、培育品牌，线上线下销售稻米。

三、经济效益分析

1. 养殖支出

①鱼种每 667 米² 投入 509.8 元，其中建鲤 400 元，草鱼 109.8 元，20 677 米² 共计 15 803.8 元；

②稻种每 667 米² 65 元，20 677 米² 共计 2 015 元；

③田租每 667 米² 650 元，20 677 米² 共计 20 150 元；

④基础设施建设，主要为开挖环形鱼沟费用，每 667 米² 500 元，按两年平摊，每年每 667 米² 250 元，20 677 米² 共计 7 750 元；

⑤工资（耕作、插秧收割、管理）按每 667 米² 投入 900 元计算，20 677 米² 共计 27 900 元；

⑥饲料每 667 米² 投入 440 元，20 677 米² 共计 13 640 元；

⑦其他投入共计 650 元。

养殖成本合计 87 908.8 元。

2. 养殖收入

①建鲤售价按 24 元/千克计算，每 667 米² 产 87.5 千克，20 677 米² 共计 65 100 元；草鱼售价按 24 元/千克计算，每 667 米² 产 19.2

千克，20 677 米² 共计 14 284.8 元；

②水稻每 667 米² 产量为 560 千克，可加工包装 250 千克稻米，通过创立品牌售价 9.6 元/千克，20 677 米² 共计 74 400 元。

稻米和水产品收入合计 153 784.8 元。

3. 利润

王茂君 20 677 米² 稻鱼综合种养模式总利润为 65 876 元，每 667 米² 利润为 2 125 元，其中水稻利润 900 元以上，水产品利润 1 100 元以上。

表 3-4　经济效益核算表

项目	收支项目	金额（元）	合计金额（元）	备注
收入	建鲤	65 100	153 784.8	①水稻产量每 667 米²560 千克，以产稻米 250 千克计算，通过自创品牌，销售价 9.6 元/千克；②基建（挖沟费用）按两年平摊，每年开支 250 元
	草鱼	14 284.8		
	水稻	74 400		
支出	鱼种	15 803.8	87 908.8	
	稻种	2 015		
	田租	20 150		
	基建（沟、防逃、哨棚）	7 750		
	工资（耕作、插秧收割、管理）	27 900		
	饵料	13 640		
	其他	650		
总利润			65 876	
每 667 米² 利润			2 125	

四、发展经验

1. 控制生产流程

严格按照《崇州市稻田综合种养技术规程》组织生产，做到

"四个统一"(水产苗种、投喂饵料、技术标准、质量监控),把好每一个环节的质量关。

2. 创新销售模式

通过举办"稻田鱼垂钓节",让消费者进行田鱼垂钓和捕捉体验,丰富乡村旅游内容。注重一、三产业互动,通过开办"稻香农庄"农家乐,发展休闲农业来延长稻鱼综合种养产业链。

3. 注重产品质量与品牌培育

以"蛙甜米"品牌进行线上线下销售,售价 9.6 元/千克,并通过认购认养、参与崇州市"天府好米节",其产品在崇州有一定的名气,供不应求。

产品质量是关键,通过走一、三产业互动的路子,提高综合竞争力。

第三节　典型案例(三)

一、基本信息

邛崃稻渔源农业合作联社(以下简称合作联社)是将邛崃稻田综合种养示范区的各业主组织起来,抱团发展的集群型新型农业经营主体。其地址位于四川省邛崃市牟礼镇小塘村。当地种植、养殖条件优良,水源丰富,土地平整,合作联社成员种养积极性高,以稻鱼共生为主,目前有综合种养面积约 667 公顷,暂养池 5 公顷,结合第三产业发展了效益很好的休闲观光农业。

合作联社示范基地地处现代农业示范带核心地段,交通非常便利,具有较强的影响力和示范辐射能力,已经成为邛崃市现代农业发展的核心示范基地,同时已经在园区内实施建设"四川省稻田综合种养核心示范区",作为农业农村部全国水产技术推广总站的示范基地,引领和带动当地农户增收,促进周边区市县的现代农业发展。

合作联社示范基地从 2013 年开始进行稻鱼综合种养试验和生产 7.2 公顷,每 667 米^{2}产稻谷 510 千克、鱼 75 千克,基本实现了稻谷不减产，稻谷和水产品品质提高，售价增加，每 667 米² 综合效益增加 760 元；2014 年继续进行稻鱼综合种养生产，当年试验性养殖 24.2 公顷，每 667 米² 产稻谷 514 千克、鱼 100 千克，每 667 米² 综合效益增加 1 035 元；2015 年进一步扩大养殖面积，开展稻鱼、稻鳅等多种模式的稻鱼综合种养 68 公顷，每 667 米² 产稻谷 520 千克、鱼 115 千克、泥鳅 110 千克，每 667 米² 综合效益增加 2 100 元，辐射带动周边地区开展稻鱼综合种养面积约 347 公顷，实现了良好的社会效益和经济效益，起到了非常好的示范作用。

合作联社成员发展稻鱼综合种养五年来，建立了严格的质量控制体系，未发生一起质量安全事故。近五年的生产实践和摸索，积累了丰富的稻鱼综合种养经验，熟练掌握了稻鱼综合种养技术，具有项目实施所需的专业技术和管理知识。

二、技术要点

1. 时间节点

合作联社具有许多创新技术和经验，稻田准备分普通稻田准备和特色稻田准备。普通稻田通常在 5 月初准备完毕，特色稻田随时准备，普通稻田通常在 5 月底或 6 月初放苗完毕，特色稻田 4 月可放苗，5 月初也可放苗，甚至可实行全年放苗（表 3-5）。放苗后按合作联社统一标准进行日常管理。

表 3-5 种养和收获情况

品种	种养			收获		
	时间	平均规格（克/尾）	每 667 米²放养量（尾）	时间	平均规格（克/尾）	每 667 米²收获量
鲤	5 月 20 日	50	300	9 月 20 日	500	200 尾
草鱼	5 月 22 日	200	15	9 月 20 日	600	10 尾
鲫	5 月 25 日	50	100	9 月 20 日	200	50 尾

（续）

品种	种养			收获		
	时间	平均规格 （克/尾）	每 667 米² 放养量（尾）	时间	平均规格 （克/尾）	每 667 米² 收获量
水稻	5月5日	—	—	9月10日	—	550 千克
合计	—	—	415	—	—	—

合作联社池塘按规范建设，各种设施齐全，包括网具、增氧设备、应急电源等。特色稻田常年都能养殖，普通稻田实行水稻小麦轮作。养殖管理实行专员管理，稻田水位保持在 20～30 厘米。由于川西平原有稻田养鱼的传统，同时人们喜欢食用鲤、草鱼和鲫，因此合作联社选择以稻田养鱼为核心。在这几年来的稻鱼综合种养发展基础上，也在尝试其他新品种养殖。

2. 关键技术

根据合作联社这几年的经验，稻田养鱼的基础设施必须规范完善，进水、出水要管理得当，充分利用田埂的土地资源种植矮化的经济果类；稻田养鱼区域实行围栏建设，有利于安全防范的同时也有利于产量稳定；使用部分腐熟农家肥进行养殖配合，可以极大提高产量。

稻田养鱼中最需要注意的是水稻种植时间、机械耕田对基础设施的影响、重复移栽秧苗的劳动力成本以及水稻品种对经济价值的影响。针对以上技术要点，合作联社成员单位成立水稻育种科研机构，针对性地培育了新的水稻品种，取得了较好的效果。特别是培育的"长生稻"，实现了一次播种、年年收获的全新模式。

三、经济效益分析

合作联社根据市场需求，以"长生稻"为例实现了良好的经济效益，甚至有个别功能性产品达到利润上万元的收益（表3-6）。

表 3-6 "长生稻"经济效益表（667 米²）

项目	品种	金额（元）	合计金额（元）	备注
收入	鱼	2 200	12 200	
	"长生稻"	8 000		
	水果	2 000		
支出	鱼苗种	200	2 100	水稻品种使用一次播种、年年收获的"长生稻"，显著降低了生产成本，最大化减少了传统农业的生产环节
	水稻种（20 年分摊）	50		
	水果种（20 年分摊）	50		
	基建（沟、防逃、水电）	100		
	工资（耕作、插秧收割、管理）	200		
	饵料	100		
	其他（地租、有机费）	1 400		
总利润			10 100	

四、发展经验

邛崃的地理位置非常适宜开展稻鱼综合种养，在 1.8 万公顷的水稻种植面积中，适宜稻鱼综合种养的面积达到 2/3，规模化流转面积达 60% 以上。不仅如此，邛崃水源丰富，土地平整，交通发达，地理优势明显。邛崃的稻鱼综合种养经验如下：

一是政府及相关部门相当重视，确定了一个核心点、带动点和爆发点并进行宣传推广，以标杆企业为代表，逐步带动和推广该生产经营模式，阶段性形成产业化模式。2017 年 4 月成立了以市委书记为总指挥的领导小组，产业化布局建设 8.5 千米² 的"稻田综合种养"示范园区。成立的"邛崃稻鱼源农业合作联社"作为集群型新型农业经营主体，为邛崃稻鱼综合种养在现代农业产业中的重要地位奠定了坚实的基础。以上归纳为"三一"模式，即：一个核心代表企业为带动点，一个规模化示范园区为核心基地，一个集群型新型农业经营主体为服务平台。

二是根据邛崃稻鱼综合种养的战略布局，各相关职能部门按照科学规划统一标准，在2016—2017年间共实施完成了超过667公顷的产业基础，为下一步的稻鱼综合种养逐步实现产业化发展凝聚了重要力量。邛崃在该产业基础推进过程中也遇到不同程度的矛盾、困难和阻力，但通过相关职能部门的不懈努力，在专门的服务平台机构的共同促进下，邛崃已经开始实行统一规范的稻鱼综合种养产业标准，主要有以下"五统一"：

①统一按规范标准进行基础设施建设；

②统一根据地理区域和基础设施建设标准，规划种植、养殖品种；

③统一根据规划品种实行规范性生资投入和实施种植养殖技术规范标准；

④统一建设打造产业公共品牌、产业形象、经营体系；

⑤统一产品品质标准、产品包装设计、规范价格体系和建设公共营销平台（彩图7）。

三是根据邛崃整体布局和规范标准，逐步实现邛崃稻鱼综合种养在现代农业发展中的重要作用，体现出邛崃农业"供给侧"机构性改革的亮点，主要表现在以下"四化"，即环境友好的资源节约化、集中规模的农业品牌化、服务专业的单体联合化和形象统一经营效益最大化。

第四章

效益分析

一、经济效益

（一）有效降低成本

①节肥。由于稻田养鱼可增加鱼粪等作为水稻生长所需的肥料，可节省人为施用肥料（主要是施用化肥），从而节省生产成本。②节药。鱼在田中吃虫可减少农药用量。根据调查，稻田养鱼后可每667米²节省农药费用20～30元，减少用药次数1～2次。③省工。鱼在田中觅食松土，不需进行耕田，节省劳力。如果浇注水泥田埂，每年不用再修造田埂，可节省劳力1～2人，同时节省了除草用工等。稻田养鱼后平均每667米²可降低肥料、农药成本40元，若加上省工在内，可使稻田每667米²节省成本50～100元。

（二）增加收益

稻田养鱼经济效益在不同地区不尽相同，总体而言，每667米²可增收300～500元。具体可参考第三章典型案例中的经济效益部分。

二、社会效益

（一）实现稳粮增收的目标

在稻田中开挖鱼沟、鱼凼等设施建设，在种稻的同时养鱼，延长了稻田灌水时间，提高了稻田灌水深度，省去了搁田、耘田、翻耕等多种管理措施，改善了水稻的通风透光条件，从而极大地改善了水稻的经济性状，同时由于稻田养鱼经济效益的增加，能实现稳粮增收的目标。目前，关于稻田养殖中水产动物对水稻产量影响的研究结果并不一致，有些研究发现水产生物的活动对水稻产量并没有显著影响，而有的研究认为水产动物对水稻产量的影响可能与水产品种类、饲料和肥料的使用以及水稻品种有关。但多数学者的研究发现，稻田养鱼能实现稳粮增收的目标。谢坚（2008）等以稻鱼系统为例，进行了 6 年的定位观测和田间实验，研究结果表明，在鱼产品产量每 667 米^2 25～30 千克的水平下，水稻产量保持稳定，而且对农药和化肥的依赖性低；通过田间试验，进一步提高稻田养鱼的产量，结果表明稻田养鱼产量在每 667 米^2 100 千克，水稻产量仍能保持，因而经济效益大大提高。王华和黄璜（2002）研究显示，稻田养鱼区早稻分蘖率为 111%，比水稻单作高 20.3%；成穗率为 71.3%，比水稻单作高 2.9%；每穗实粒数比水稻单作多 7.7粒，空壳粒较水稻单作低 1.6%；千粒重同水稻单作比较也有微弱的增加；稻田养鱼区实际每公顷产稻谷 4 023 千克，比水稻单作增产 549 千克，增长幅度 15.8%。稻田养鱼区晚稻的经济性状和实际产量较水稻单作也都有不同程度的改善和提高。稻田养鱼同时遵循了生态规律和经济规律，能获得较好的经济效益，在收获鱼的同时，稻谷也得到增产。养鱼稻田水稻产量每 667 米^2 670 千克，而水稻单养只有 613 千克，产量增加 8.54%；稻田养鱼总产值为每 667 米^2 476.4 元，与水稻单作 233.1 元相比增加 101.8%；稻田养鱼节约化肥、农药用量，减少生产成本，从而提高了单位资金的投资效益。另外，胡亮亮（2014）对分布于全国水稻主要种植区域的重要稻渔模式进行了水稻产量研究，稻渔模式的水稻平均产量为8.34 吨/公顷，平均比水稻单作的产量增加 2.98%；不同模式中水稻的增产效应不同，稻鱼模式的水稻产量增加最为显著，增加 4.44%。

（二）改善农村经济结构，实现农民脱贫致富

党的十八大以来，以习近平同志为核心的党中央把扶贫开发摆到治国理政的重要位置，提升到事关全面建成小康社会、实现第一

个百年奋斗目标的新高度，纳入"五位一体"总体布局和"四个全面"战略布局进行决策部署，加大扶贫投入，创新扶贫方式，出台系列重大政策措施，扶贫开发取得巨大成就。但是，当前贫困问题依然是我国经济社会发展中最突出的"短板"，脱贫攻坚形势复杂严峻。积极推广稻鱼综合种养模式，有序发展健康水产养殖业，推进稻鱼综合种养工程，积极发展环保型养殖方式，打造区域特色水产生态养殖品牌，有助于农林产业脱贫。同时稻鱼综合种养模式打破了农村粮食生产的单一方式，改善了稻区农村的经济结构。

（三）为粮食安全发挥积极作用

农药是重要的农业生产资料，对防病治虫、促进粮食和农业稳产高效有重要意义。多年来，因农作物播种面积逐年扩大、病虫害防治难度也不断加大，农药使用量总体呈上升趋势。由于农药使用量较大，加之施药方法不够科学，带来生产成本增加、农产品残留超标、作物药害、环境污染等问题。据资料显示，2012—2014 年农作物病虫害防治农药年均使用量较 2009—2011 年增长 9.2％，达到 31.1 万吨。农药的过量使用，不仅造成生产成本增加，也影响农产品质量安全和生态环境安全。实现农药减量控害，十分必要。

稻鱼综合种养技术可减少稻田病虫害，从而减少了农药和化肥的使用，部分地区开展稻田养鱼生态养殖完全不施用农药，利用水产品在田间的除虫除草作用，减少了面源污染，同时丰富了市民的菜篮子，为社会提供绿色有机食品和水产品，也为粮食安全发挥了积极作用。

（四）提高农技人员技术水平

目前，大部分的农业科技人员都是"种水稻的不懂养鱼，养鱼的不懂种水稻"，加之劳动者科技文化素质不高，不仅直接影响了农民的经济收入，也严重制约了农业劳动效率的提高。因此，大力开展农民科技培训，能提高农村劳动者的思想道德和科学文化素质，培养一大批觉悟高、懂科技、善经营的新型农民，把沉重的人口负担转化为强大的人力资源优势，对于提高农业的科技含量和国际竞争力，推进农业和农村经济发展具有重要的战略意义，也是从根本上解决农业、农村和农民问题的有效途径。

目前，在稻鱼综合种养区各地积极推动龙头企业、种养大户、专业合作社牵头示范，带动千家万户实施稻鱼综合种养新技术、新模式。各地高度重视稻鱼综合种养示范点建设，高标准、高要求选择示范点和示范户，加大对技术指导员和示范户的培训力度。各地水产技术推广单位多次组织有关专家开展技术研讨，进行现场巡回指导，对新技术模式进行总结提升，组织制定稻鱼综合种养技术规范，农技人员技术水平得到提高。紧密围绕区域循环农业发展理念，以新型职业农民和农技服务人员需求为出发点和落脚点，以项目发展中的关键问题为切入点，培训内容涉及多个方面，包括稻鱼综合种养基地建设、健康养殖疾病防控技术、掌握科学施药方法、健康养殖模式、产品储运及物流配送综合技术等，这些都是农民急需、生产实用、易懂好学的新模式、新技术、新方法。

(五) 促进一、二、三产业联动发展

在开展稻鱼综合种养的同时充分挖掘稻田养殖特色文化，如四川省崇州地区发展乡村体验式旅游，打造以养鱼、识鱼、观鱼、钓鱼、品鱼、售鱼及稻谷认养为一体的休闲观光渔业，连续两年举办了"稻田抓鱼节"和"品蟹节"，拓展了渔业功能，延长了渔业产业链，提高了渔业经济效益，促进了一、二、三产业的联动发展。稻田养鱼已成为各地观光农业的重要内容。江西省婺源县被认为是"中国最美的乡村"，每年接待国内外大量游客。由于婺源县又是全国首批生态农业建设示范县，这些游客到婺源县观光旅游特别注重去参观、欣赏农业风光。其中，稻田养鱼就是备受游客青睐的"景点"之一。

(六) 文化传承

自联合国粮食及农业组织启动"全球重要农业文化遗产"(GIAHS) 项目以来，中国政府率先响应，申报了一批独具特色的农业文化遗产。2005 年 6 月，"浙江青田稻鱼共生系统"被联合国粮食及农业组织认定为全球重要农业文化遗产，成为全球首批 5 个

全球重要农业文化遗产之一、中国第一个全球重要农业文化遗产。2013 年，"浙江青田稻鱼共生系统"被农业部列入首批"中国重要农业文化遗产"名录。稻鱼共生农业文化蕴含了丰富的文化形式，不仅包括系统本身的文化，也包括遗产地衍生出的各类文化，如田鱼文化、水文化、民俗与文艺以及古建文化等。

三、生态效益

稻田养鱼是农业利用生物多样性的成功案例之一。近年来，世界各国在传统的稻鱼系统的基础上逐步发展成为规模化、产业化的多种水产动物和水稻共生的生态模式，为农业生态系统中充分利用生物多样性的功能提供了很好的范例。其生态效益主要体现在以下几个方面。

（一）除草保肥作用

杂草是水稻的劲敌，能大量地吸收水分和肥料，同时也是水稻一些病虫害的中间宿主。各地稻田中杂草品种不一，常见的包括菹草、轮叶黑藻、金鱼藻、紫背浮萍、青萍、三菱草、稗草、槐叶萍等。据资料显示，稻田里的杂草每年要使稻谷减产 10%，最高可达 30%，未养鱼的稻田通常每年会采用化学药物进行 1～2 次除草。尽管如此，仍然会有杂草丛生。这些杂草与水稻形成竞争关系，竞争吸收稻田中的氮素、硫酸铵等营养物质，同时还争夺水稻的生长空间、阳光和水。因此，杂草丛生的稻田，水稻会明显减产。为了提高水稻产量，农民会消耗劳动力在田间除草，或者利用除草剂等药物进行除草。通过以上方式对杂草进行根除都会浪费一定的资源，即使杂草被清除，也会消耗能量及营养物质。鲤、鲫等鱼类是杂食性、广食性鱼类，对环境适应能力强，生活在水的底层，抗病力强，主要摄食昆虫、底栖生物和人工饲料，能吃掉田间部分草籽、草根、嫩芽、地下茎等。在稻田中放养鲤、鲫等鱼，对杂草有一定的去除作用。谢坚（2008）研究发现，稻鱼处理（在种稻处理的基础上放养瓯江彩鲤，密度为 170.27 千克/公顷，不施用农药）的杂草密度比种稻处理（只种植水稻，水稻株行距 30 厘米 ×40 厘米，不施用农药）的显著低，与水稻单种相比，稻鱼处理杂草的密度减少 82.14％。黄毅斌等（2001）的试验说明稻鱼系统中的红萍可以作为鱼的食物，N^{15} 示踪显示，红萍中有 24％～30％ 的氮能被鱼吸收。有学者研究发现水产动物在稻田中可通过取食或搅动等将杂草去除，控制率可达 39％～100％。大量的研究表明稻田养鱼能够除杂草在于鱼在稻田中活动，能够把杂草的根系翻出，导致杂草生长缓慢甚至死亡；在杂草生长的萌芽期，鱼能直接取食杂草的芽，进而控制杂草的发生，起到除草保肥的作用。稻田养鱼既可清除杂草，避免了杂草与水稻相互争夺肥料、空间、阳光等，同时鱼可以利用杂草，将杂草等作为食物进行转化，变成肥料，供应水稻吸收生长。我国水产科技工作者近年来发展和培育了许多优良的鲤、鲫等新品种，如建鲤、丰鲤、福瑞鲤、瓯江彩鲤、湘云鲫、红白长尾鲫、异育银鲫"中科 3 号"、杂交黄金鲫、芙蓉鲤鲫等。

（二）病虫害的杀灭作用

稻田养鱼可控制水稻病虫草害的发生，进而减少农药的使用。例如，稻飞虱主要在水稻基部取食危害水稻生长，鱼在田间水体的活动可以使植株上的害虫落水，进而取食落水虫体，减少稻飞虱的危害。同时，养鱼田中的水位一般较不养鱼田的深，稻基部露出水面高度不多，缩减了稻飞虱的危害范围，从而减轻稻飞虱的危害。谢坚（2008）研究发现，与种稻处理相比，稻鱼处理的虫口密度下降了 24.6％～37.1％。

在稻田养鱼农田生态系统中，依据食物链原理，通过生态控害（利用生态学原理控制病虫草害）、生态减灾，可以做到少用或基本不用农药，这样就可有效保护稻田害虫的天敌，从而优化稻田生态环境。

（三）造肥作用

一些研究表明，鱼排泄物中的氮有 75％～85％都是以铵离子的形态存在，而铵离子是水稻主要的氮摄入形式。因此，鱼能够将环境中原本不易被水稻吸收利用的氮形式转变成易于被水稻吸收利用的有效氮形式。例如，鱼取食藻类、浮游生物、饲料等，没有被同化的部分以铵离子的形式排泄出来，直接被水稻吸收。稻田中鱼的排泄物里含有氮、磷等营养元素，成为水稻的肥料。调查显示，平均每公顷稻田鱼粪中含有氮元素 7.32 千克，磷元素 2.19 千克，因此稻田养鱼可减少氮肥和磷肥的使用。

（四）对水田土壤理化性状的影响

卢升高和黄冲平（1988）研究显示稻田养鱼的土壤有机质含量略有增加，而速效养分增加明显，特别是速效磷和速效钾，分别达 8.5 毫克/米³ 和 90 毫克/米³，比对照提高 16.4％ 和 50％，速效氮提高 9.5％。土壤中的微团聚体在发挥水田土壤肥力的作用上具有重大意义，养鱼后土壤中＜0.05 毫米的微团聚体明显减少，说明稻田养鱼过程中，土壤结构有变好的趋势。另外，水稻能够加速土壤有机质的分解。稻田养鱼，很多鱼类（如鲤）具有掘食习性，可使土壤疏松，减少土壤板结程度，从客观上起到持续"耕作"的作用，从而减轻了土壤容重，增大了土壤孔隙度，有效改善了土壤性状。

鱼在稻田中的活动、觅食等使稻田的水体不断被搅动，增加了水与空气接触的机会，从而增加了田面水体的溶氧能力。由于溶氧能力的增加，土壤近表层的氧化还原状况改善，有利于有机物的分解与养分的转化，从而提高加土壤养分的供应能力，减少土壤表层的还原物质，有利于水稻根系的生长。

（五）减少农业面源污染

目前，我国的农村面源污染问题逐渐加重，一部分地区的耕地因此退化，农村和农业内部环境恶化，成为影响江河湖泊水质、饮水安全、农产品质量与食品安全的主要因素。农药化肥污染、畜禽养殖业污染、废旧农膜残留、垃圾污染、农村生活污水是主要的农业面源污染源。另外，农业中常使用化学农药对杂草进行根除，但长期单一和大量的使用化学农药，将增大病虫草害定向选择压力，使得一些病虫草可能产生强的抗药性或主要病虫草害流行周期越来越短、次要病虫草害纷纷上升为主要病虫草害。

稻鱼共作系统中鱼对杂草的"除草"以及对病虫害的控制作用可以减少农药的使用。同时，稻田养鱼的"造肥作用"减少了化肥的使用，可以有效控制和缓解农业生产造成的面源污染问题。

(六) 降低稻田中 CH_4 的排放量

当下，气候变暖是全球的一个重大问题。气候变暖，伴随着海平面的上升，给许多国家带来危机。温室气体中，CO_2 和 CH_4 是两种最主要的"致温"气体，对全球性的气候变暖起到的作用超过了 70%。两种气体中，CH_4 的温室效应是 CO_2 的 $20 \sim 60$ 倍，大气中的 CH_4 有 $10\% \sim 20\%$ 由稻田产生。因此，减少稻田 CH_4 的排放，可对遏制全球气候变暖起到一定的作用。稻田养鱼可以有效减少 CH_4 的排放量。稻田生态系统中，水层深度超过 10 厘米时不利于 CH_4 的释放，且好气水层中的微生物可以氧化 CH_4，稻田养鱼中 CH_4 的排放量比常规稻田可减少 1/3 左右。

第五章
资源条件及前景分析

民以食为天，粮食安全是我国的基本国策。2014年，我国明确提出了新时期国家粮食安全战略，即"以我为主、立足国内、确保产能、适度进口、科技支撑"。2016年中央一号文件进一步指出，我国进入"十三五"时期要用发展理念破解"三农"新难题，在推进农业供给侧结构改革的同时，务必要保住粮食生产能力。我国是水稻种植大国，我国的粮食作物中，谷物的总产量居第一，近5年来谷物种植面积3 000万公顷左右，单产在5 900千克/公顷左右。稻作生产事关国家粮食安全，在国民经济中占有举足轻重的地位。随着我国经济的快速发展和人口增长，耕地资源愈加短缺，广大农民对土地的单位产出及人民对食品质量安全的要求不断提高，粮食的有效供给和安全问题尤显重要。利用现有资源研究稻田种养的新模式和新技术具有重要的意义。

稻田的浅水环境拥有不容忽视的自然资源和初级生产力，能够为各种水生动物提供良好的生境。稻田养鱼能够达到高产、高效、立体开发的目的，在确保国家粮食安全生产的前提下，促进农民增收和稻田生态良性循环，充分发挥稻田种养结合的生态功能。

一、我国资源条件情况

（一）土地

随着我国经济的快速发展和人口增长，耕地资源愈加短缺，在推进农业供给侧结构改革的同时，需要保住粮食生产能力。近15年来我国稻谷种植面积稳定在3 000万公顷左右，较稳定的种植水稻面积为稻田养鱼发展提供了广阔的空间。在有限的耕地面积上提高产量，近年来多依靠化肥，化肥的使用量呈上升趋势。我国近年来农业生产条件与农作物播种面积见表5-1。

表5-1　我国近年来农业生产条件与农作物播种面积

指标	2000年	2010年	2014年	2015年
耕地灌溉面积（万公顷）	5 382.0	6 034.8	6 454.0	6 587.3
化肥施用量（万吨）	4 146.4	5 561.7	5 995.9	6 022.6
粮食播种面积（万公顷）	10 846.3	10 987.6	11 272.3	11 334.3
稻谷（万公顷）	2 996.2	2 987.3	3 031.0	3 021.6

资料来源：《中国农业统计年鉴》。

（二）水资源

水资源是生命的源泉，是生态系统不可缺少的要素，同土地、能源等构成人类经济和社会发展的基本条件。随着人口和经济的增长，世界水资源的需求量不断增加，水环境也不断恶化，水资源危机是举世瞩目的资源环境问题之一。稻鱼综合种养同样离不开水。从水资源数量上看，我国虽然是水资源大国，水资源总量在世界排名第六位，但由于我国人口众多，人均占有水资源量仅约为世界人均水资源量的四分之一。此外，我国水资源区域分布极不平衡，水旱灾害频繁发生。受亚洲季风气候的影响，我国大部分地区的降水变率和变化非常明显，降水空间分布不均匀，产生了一系列的突出的水资源问题。例如，长江以北的水系流域面积占国土面积60%以上，水资源占有量却不到全国的20%，降水的年内、年际、年代际和多年代变化十分显著，干旱缺水成为我国北方的主要自然灾害。东部大部分地区降水主要发生在夏季，加上年际变率大，往往造成汛期洪水灾害。水资源已渐渐成为我国国民经济持续健康发展的"瓶颈"。

发展稻鱼综合种养，需要选择适合的稻田，其中水源和水质是必须考虑的问题。水源最好是河流、水库、湖泊等水域的地面水，水源无污染。近年来，我国水资源情况尤其是农业生产方面水资源利用情况总体较稳定。马欣等（2011）等将水资源和农业生产问题相结合，关注气候变化对未来我国水稻主产区水资源的影响，以气象站点的观测数据和 PRECIS 模型发展的 B2 情景数据为驱动，运用分布式 VIC 水文模型进行气候变化对水资源影响的情景模拟。通过 2001—2030 年对照期与 1981—2000 年基准期水资源量对比表明：水稻主产区整体水资源量呈上升趋势，水资源的空间分布由东南向西北呈下降趋势；在气候变化的影响下，水稻主产区的 28 个二级流域的水资源变化量幅度在 −48.5～269.1 毫米，相对变化率在 −6.1%～29.6%。沿海的钱塘江流域、瓯江流域、闽江流域、韩江流域、闽东、粤东及台湾沿海诸河流域、东江流域水资源量增多明显；粤桂琼沿海诸河流域、元江—红河流域、黄河上游干流区间、嘉陵江流域和淮河干流水资源量减少，但减少的绝对量不大（表 5-2）。

表 5-2 气候变化对水稻主产区水资源影响

流域名称	变化量（毫米）	变化率（%）	流域名称	变化量（毫米）	变化率（%）
黄河上游干流区间	−12.400	−2.0	钱塘江流域	190.522	15.0
渭河流域	125.000	29.6	洞庭湖水系	122.510	10.2
沂沭泗流域	56.923	10.0	乌江流域	109.433	11.5
长江上游干流区间	70.053	8.7	鄱阳湖水系	104.271	7.0
淮河干流	−0.979	−0.1	瓯江流域	269.100	21.3
嘉陵江流域	−11.930	−1.7	闽江流域	236.889	16.1
雅砻江流域	−48.591	−6.1	西江流域	63.754	5.5
汉江流域	0.158	0.001	韩江流域	251.600	18.8
里下河地区沿海诸河流域	10.800	1.4	闽东、粤东及台湾沿海诸河流域	254.007	21.8
澜沧江-湄公河流域	54.000	5.0	北江流域	169.588	12.4
岷江流域	19.047	2.3	元江-红河流域	−14.967	−1.7
怒江-伊洛瓦底江流域	60.062	5.4	粤桂琼沿海诸河流域	−14.053	−1.0

（续）

流域名称	变化量（毫米）	变化率（%）	流域名称	变化量（毫米）	变化率（%）
长江中下游干流区间	32.378	3.0	珠江三角洲河网区	84.375	5.3
太湖流域	25.308	2.6	东江流域	242.846	16.2

多个文献研究结果都支持在未来 30 年中，我国南方片区大部分地区的水资源量将会有较大幅度的上升，这为该区域发展稻鱼综合种养的水资源条件提供了保障，但同时也需注意防涝情况。

（三）气候

鲤、鲫、罗非鱼、泥鳅等是广温性生物，其对水温的耐受上、下限很宽。稻田养鱼主要在 4—5 月放鱼种，各地起捕多集中在 10 月左右，由表 5-3 主要城市平均气温可以看出，我国各稻作区的温度对养鱼（冷水鱼、海水鱼除外）几乎没有限制。

表 5-3　主要城市平均气温（2015 年）

单位：℃

城市	1月	2月	3月	4月	5月	6月	7月	8月	9月	10月	11月	12月	年平均
北京	−0.6	1.3	8.8	15.5	21.5	24.9	26.8	26.7	21.0	14.7	3.6	0.2	13.7
天津	−0.8	1.2	8.3	15.0	21.5	25.3	27.1	26.5	21.2	14.8	3.7		13.7
石家庄	0.3	2.8	10.4	16.3	21.9	26.5	27.6	26.5	21.0	15.9	4.6	1.1	14.6
太原	−2.9	−0.8	7.0	13.1	19.2	22.8	24.3	22.5	17.4	11.0	3.7	−1.4	11.3
呼和浩特	−8.0	−5.8	1.7	9.0	16.0	19.2	22.7	21.7	15.1	8.2	−0.5	−7.4	7.7
沈阳	−10.1	−5.7	2.5	11.9	17.9	21.5	24.8	23.9	18.7	9.8	−1.6	−5.5	9.0
长春	−12.0	−7.9	0.1	10.3	19.2	21.2	23.8	22.7	16.9	7.8	−3.3	−9.4	7.2
哈尔滨	−15.8	−11.3	−1.3	8.6	14.2	22.1	23.6	16.2	7.2	−4.9	−14.0	5.6	
上海	6.0	6.3	10.6	15.9	20.5	24.2	26.7	27.8	24.2	19.6	14.0	7.8	17.0
南京	4.9	6.3	10.6	15.7	21.4	24.1	26.4	27.3	23.6	18.5	11.7	6.4	16.4
杭州	6.7	7.7	11.7	17.3	22.2	25.1	26.6	27.7	24.0	19.5	13.4	7.9	17.5
合肥	4.9	6.4	11.3	16.4	22.5	24.8	26.9	27.6	23.9	18.5	11.0	6.0	16.7

（续）

城市	1月	2月	3月	4月	5月	6月	7月	8月	9月	10月	11月	12月	年平均
福州	11.6	12.5	14.7	20.3	23.0	27.9	28.3	27.9	25.3	22.8	19.9	14.0	20.7
南昌	8.3	9.4	12.5	18.6	23.7	26.9	27.4	28.5	25.0	21.0	13.9	8.7	18.7
济南	2.0	3.7	10.8	14.9	21.7	26.1	27.8	25.7	21.9	16.9	6.1	2.7	15.0
郑州	3.5	5.5	11.4	16.2	22.3	26.4	28.0	26.8	22.3	17.2	6.8	4.0	15.9
武汉	5.2	6.5	12.0	16.6	22.5	25.4	27.2	27.7	23.8	18.3	10.8	5.9	16.8
长沙	7.6	8.6	11.8	17.1	22.2	26.1	26.2	27.0	24.0	19.3	11.8	7.3	17.4
广州	13.6	16.2	18.5	21.9	25.9	28.5	28.1	27.9	26.9	23.6	21.0	14.9	22.3
南宁	13.5	16.4	18.3	22.8	27.3	29.0	27.6	28.0	26.3	23.0	20.5	14.0	22.2
海口	17.8	20.4	24.0	25.1	29.2	29.9	28.8	29.0	28.4	25.8	25.4	20.2	25.3
重庆（沙坪坝）	9.9	11.8	16.5	20.8	23.1	25.9	28.2	27.9	24.0	20.6	16.4	10.1	19.6
成都（温江）	6.8	8.6	13.3	17.6	22.0	23.9	25.1	23.9	21.1	18.2	13.5	7.4	16.8
贵阳	6.1	8.2	11.3	16.5	19.6	22.0	21.9	21.5	19.7	16.6	13.1	6.0	15.2
昆明	9.4	11.4	16.7	17.2	21.6	21.9	19.9	19.6	19.3	15.5	13.3	8.9	16.2
拉萨	−1.0	0.9	7.3	9.2	13.5	18.0	17.6	15.9	16.1	10.0	4.9	1.2	9.5
西安（泾河）	2.3	5.6	10.5	16.3	21.4	24.3	28.1	26.0	21.7	15.0	8.2	3.1	15.2
兰州	−5.9	−2.2	4.7	10.6	14.9	19.3	20.2	19.7	14.6	9.0	1.9	−6.9	8.3
西宁	−6.3	−3.1	3.1	8.6	12.4	15.9	16.5	15.5	12.3	7.0	1.1	−6.3	6.4
银川	−4.3	−0.5	6.3	12.3	18.5	22.5	24.8	22.5	17.3	9.7	3.1	−3.5	10.7
乌鲁木齐	−8.7	−6.6	1.6	12.0	19.1	21.7	26.6	23.0	14.5	8.8		−6.6	8.8

资料来源：《中国农业统计年鉴》。

（四）各地稻谷播种面积

根据《中国农业统计年鉴》数据，各地稻谷播种面积差异较大，适宜开展稻鱼综合种养的发展空间也各不相同。总体而言，稻谷播种面积在1 000千公顷以上的地区包括黑龙江、江苏、安徽、江西、湖南、湖北、广东、广西、四川、云南。从《中国渔业统计年鉴》（2016 年）各地区稻鱼综合种养的面积来看，发展稻鱼综合种养的潜力较大。

（五）新技术、新品种

稻鱼综合种养的技术要点参见第三章。新品种主要包含水产和水稻两个方面。

1. 水产品种

在新一轮稻鱼综合种养实施过程中，行业专家根据稻田的浅水环境的水温、溶氧条件变化较大的特点，确立了鱼品种选择的思路：一是出肉率高、抗病力强；二是饲料转化率高、适应环境能力强（耐寒、耐碱、耐低氧）；三是生长速度快，起捕率高。

稻田养鱼的品种主要包括鲤、鲫、鲇、泥鳅、罗非鱼、鲢、鳙等。总体而言，鲤具有生长速度快、适应性和抗病力强的特点，在我国北方以及南方四川地区有广阔而稳定的市场。鲤是典型的杂食性鱼类，能摄食稻田中浮游动植物、底栖动物、植物茎叶、种子及有机碎屑等。在稻田养殖中可进行稻鱼轮作，即稻田种一季稻，养一季鱼；稻田可养鱼苗，也可养鱼种，既可单养，也可混养。在南方地区稻田中养殖成鱼，放养的鱼种规格较大，可达 30～50 克/尾。目前，已选育的鲤品种较多，包括松浦镜鲤、福瑞鲤、瓯江彩鲤等。鲫营养丰富，肉味鲜美，适应性强，生长快，易饲养，是稻田养鱼的优选品种之一。

鲫食性与鲤相似，也是杂食性鱼。鲫的品种也较多，主要有湘云鲫、异育银鲫"中科 3 号"、彭泽鲫、长丰鲫和津新乌鲫等。稻田养殖可放养稍大规格的鱼种，如 5 厘米以上的鲫夏花或 50 克/尾左右的 1 龄鱼种，可搭配放养少量当年的鲢、鳙鱼种。

鲇适应性强，生长速度快，其肉质细嫩、味道鲜美、肌间刺少、肥而不腻。南方大口鲇在稻田养殖过程中可投喂人工配合饲料，能够适应规模化、集约化人工养殖，经济效益较高。

泥鳅为杂食性鱼类，在天然水域中以昆虫幼虫、水蚯蚓、底栖生物、小型甲壳类动物、植物碎屑、有机物质等为食。投喂的饲料可以选择鱼用配合饲料、泥鳅专用饲料或者是鲜活饵料等。养殖品种一般为生长快、繁殖力强、抗病性好的本地泥鳅、台湾泥鳅等。

罗非鱼原产自非洲，是一种热带中小型鱼类，具有生命力强、生长快、杂食性和抗病力强等特点，肉质白嫩鲜美，无肌间刺，营养价值较好。稻田养殖罗非鱼，一般每 667 米^2 放养冬片鱼种 500 尾左右，或当年夏花 800~1 000 尾。罗非鱼不耐低温，在长江流域生长期，通常从 4 月上中旬至 10 月中旬，当水温降到 14℃以下容易死，因此稻田养殖该鱼的养殖周期需要视当地水温情况而定。

鲢，又名白鲢，属于典型的滤食性鱼类，终生以浮游生物为食，在鱼苗阶段主要吃浮游动物，长至 1.5 厘米以上时逐渐转为吃浮游植物。鳙，又名花鲢，食物以浮游动物为主。鲢、鳙都具有生长快、疾病少的特点，在稻田中一般作为套养品种，不需要专门投喂饲料。

近年来培育和推广的适宜于稻田养殖的鲤、鲫品种介绍如下。

（1）松浦镜鲤

①品种名称：松浦镜鲤。

②品种来源：在原德国镜鲤选育系（F_0）的基础上，采用多性状复合群体选育结合 DNA 分子标记和电子标记技术的育种新方法，成功育成的新品种。

③审定情况：2008 年通过全国水产原种和良种审定委员会审定。

④审定编号：GS-01-001-2008。

⑤特征特性：该品种体型好，头和尾部小，背部较高而厚，出肉率高，体表基本无鳞；生长速度快，1 龄和 2 龄鱼较选育前分别提高 34.70% 和 45.23%；抗病能力和抗寒能力强，1 龄和 2 龄鱼的平均饲养成活率分别达到 96.95% 和 96.44%。越冬成活率分别达到 95.8% 和 98.84%；繁殖力高，3 龄和 4 龄鱼的平均相对怀卵量分别比选育前增加了 56.17% 和 88.17%。

⑥产量表现：池塘养殖每 667 米^2 产量在 400 千克以上。

⑦苗种培育：a. 鱼苗培育，采取池塘培育，鱼苗放养密度一般为每 667 米²10 万～20 万尾。鱼苗采取肥水下塘，培育期间每天泼洒豆浆。b. 鱼种培育，多采取池塘主养。鱼种放养密度一般为每 667 米²3 000～6 000 尾，投喂人工配合饲料。

⑧成鱼养殖：选择水源充足、水质清新无污染、注排水方便、不漏水、保水性能好的田块养殖松浦镜鲤。放养规格3～4 厘米的夏花鱼种或规格 100 克左右的鱼种。放养密度为每 667 米²30～100 尾。

⑨推广情况：2008 年开始在全国十几个省（自治区、直辖市）示范推广，每年推广面积超过 1.33 万公顷。

⑩适宜区域：各地淡水池塘、稻田、网箱养殖。

⑪选育单位：中国水产科学研究院黑龙江水产研究所、黑龙江省水产技术推广总站。

（2）津新鲤

①品种名称：津新鲤。

②品种来源：1988 年天津换新水产良种场从中国水产科学研究院淡水渔业研究中心引进建鲤乌仔 175 万尾。在此基础上，自 1991 年起，以抗寒能力、生长速度、繁殖力等为指标，经过 17 年连续 6 代群体选育而得到的新品种。

③审定情况：2008 年通过全国水产原种和良种审定委员会审定。

④审定编号：GS-01-003-2006。

⑤特征特性：津新鲤是以建鲤为基础选育的新品种。具有抗寒力强、繁殖力高、生长速度快和起捕率高等优点。

⑥产量表现：池塘养殖每 667 米² 产量在 400 千克以上。

⑦推广情况：近年来在全国每年推广面积达到 6 667 公顷。

⑧选育单位：天津换新水产良种场。

（3）乌克兰鳞鲤

①品种名称：乌克兰鳞鲤。

②品种来源：1998 年从俄罗斯引进。

③审定情况：2005 年通过全国水产原种和良种审定委员会审定。

④审定编号：GS-03-001-2005。

⑤特征特性：乌克兰鳞鲤体形与普通鲤相似，呈纺锤形，略长，体青灰色，头较小。乌克兰鳞鲤 3～4 龄性成熟，水温 16℃以上即可繁殖生产；怀卵量小，有利于生长。乌克兰鳞鲤生长速度快，在常规放养密度下，2 龄鱼体重可达 1.5～2 千克。另外，乌克兰鳞鲤还具有适温性强、食性杂、出肉率高、耐低温、耐低氧、易驯化、易起捕等特点。

⑥产量表现：池塘养殖每 667 米^2 产量在 400 千克以上。

⑦推广情况：近年来在全国每年推广面积超过 1.33 万顷。

⑧选育单位：天津换新水产良种场。

（4）福瑞鲤

①品种名称：福瑞鲤。

②品种来源：福瑞鲤是中国水产科学研究院淡水渔业研究中心以建鲤和野生黄河鲤为原始亲本进行杂交，通过 1 代群体选育和连续 4 代家系选育后获得的鲤新品种。

③审定情况：2010 年通过全国水产原种和良种审定委员会审定。

④审定编号：GS-01-003-2010。

⑤特征特性：福瑞鲤具有生长快（比普通鲤提高 20％以上，比建鲤提高 13.4％）、体型好（长体形，体长/体高约为 3.65）、饲料转化率高、适应环境能力强（耐寒、耐碱、耐低氧）和遗传性状稳定等特点。

⑥产量表现：池塘养殖每 667 米^2 产量在 400 千克以上。

⑦推广情况：2010—2012 年，福瑞鲤在全国 19 个省（自治区、直辖市）进行了示范推广，累计推广面积超过 2.67 万公顷。

⑧选育单位：中国水产科学研究院淡水渔业研究中心。

（5）瓯江彩鲤　瓯江彩鲤是浙江省瓯江流域广泛养殖的一种鲤科鱼类，因主要被当地农民在稻田中广泛养殖，故俗称"田鱼"。

瓯江彩鲤除食用性能突出外（生长迅速、肉质细嫩、营养丰富），还因色彩绚丽鲜艳，有重要的观赏价值。无论在稻田还是池塘中，大多喜栖息在底质松软或水草丛生的底层，晴天时，也在水面集群游动。适温范围广，能耐高温与低温，最适生长温度 15～28℃，可自然越冬，养殖水质最适宜 pH 6.5～8.0，透明度 30～60 厘米。

（6）彭泽鲫

①品种名称：彭泽鲫。

②品种来源：野生彭泽鲫选育的新品种。

③审定情况：1996 年通过全国水产原种和良种审定委员会审定。

④审定编号：GS-01-003-1996。

⑤特征特性：经选育后的彭泽鲫生产性能发生明显改观，生长速度比选育前快 50%，比普通鲫的生长速度快 249.8%，并成为我国第一个直接从三倍体鲫中选育出的优良养殖品种。彭泽鲫具有繁殖简易、生长快、个体大、抗逆性强、营养价值高等优良性状。

⑥产量表现：池塘养殖每 667 米² 产鱼种 500～750 千克。

⑦成鱼养殖：彭泽鲫成鱼的养殖有多种方式，可以采用当年鱼苗养成商品鱼，亦可用冬片或春片鱼种养成鱼。彭泽鲫除在池塘中养殖外，也适宜在小型湖泊、水库、稻田、莲田和网箱多种水体中养殖。

⑧推广情况：现已在全国大部分地区推广养殖，并形成了完整配套的鱼苗繁殖、苗种培育及成鱼养殖技术，获得了明显的经济、社会效益。

⑨选育单位：江西省水产科学研究所、九江水产科学研究所。

（7）松浦银鲫

①品种名称：松浦银鲫。

②品种来源：人工诱导雌核发育和性别控制，使方正银鲫产生基因突变，再从突变个体中定向培育而成的。

③审定情况：1996 年通过全国水产原种和良种审定委员会审定。

④审定编号：GS-01-005-1996。

⑤特征特性：属三倍体雌核发育种群。其含肉率、肥满度均高于同龄方正鲫。改变了银鲫生长慢的缺点，加快了生长。在华北地区以南，当年可培育成 150～400 克的商品鱼。

⑥产量表现：池塘养殖每 667 米² 产量在 400 千克以上。

⑦成鱼养殖：成鱼池套养每 667 米² 放 300～500 尾，出池规格达 100 克以上，每 667 米² 产松浦银鲫 400 千克。该鱼除在池塘中养殖外，也适宜稻田、莲田和网箱等多种水体中养殖。

⑧选育单位：中国水产科学研究院黑龙江水产研究所。

（8）湘云鲫

①品种名称：湘云鲫。

②品种来源：多代自交且能保持稳定遗传性状的四倍体（4N）新型鱼类种群（简称"基因库鱼"）为父本，与日本白鲫（2N）母本或普通鲤母本杂交而产生的后代（3N）。

③审定情况：2001 年通过全国水产原种和良种审定委员会审定。

④审定编号：GS-02-002-2001。

⑤特征特性：与普通鲫的生长性能相比，具有性腺不发育、抗病力强、耐低氧、耐低温、食性广、易起捕等优点，特别是生长速度快。湘云鲫比普通鲫鱼快 3 倍。体形美观、肉质鲜嫩、营养价值高。湘云鲫可食部分高出普通鲫、鲤 10%～15%，肌间细刺少。

⑥产量表现：池塘养殖每 667 米² 产量在 500～800 千克。

⑦成鱼养殖：当年苗直接养成商品鱼，4 月购入湘云鲫早繁苗，经 1 个月左右饲养，5 月下旬筛选规格为 200 尾/千克的大鱼种，再经半个月强化培育后放入稻田养殖，同时可搭配当年鲢鳙鱼种。

⑧选育单位：湖南师范大学。

（9）萍乡红鲫

①品种名称：萍乡红鲫。

②品种来源：选育种。

③审定情况：2007 年通过全国水产原种和良种审定委员会

审定。

④审定编号：GS-01-001-2007。

⑤特征特性：萍乡红鲫具有体色纯正、个体生长快、肉质鲜美、易繁易养、观赏价值高等优点。

⑥产量表现：池塘养殖每 667 米^2 产量在 400 千克以上。

⑦成鱼养殖：萍乡红鲫生长速度快，适应能力强，容易饲养，当年孵化的鱼苗经 200 多天饲养，平均个体可达 200 克以上，肉红，鲫体色艳丽，体色纯度 98％以上。

⑧选育单位：天津市换新水产良种场。

（10）异育银鲫"中科 3 号"

①品种名称：异育银鲫"中科 3 号"。

②品种来源：选育种。

③审定情况：2007 年通过全国水产原种和良种审定委员会审定。

④审定编号：GS-01-002-2007。

⑤特征特性：体色银黑，鳞片紧密，不易脱鳞；生长速度快，出肉率高，比高背鲫生长快 13.7％～34.4％，出肉率高 6％以上；遗传性状稳定，子代性状与亲代不分离；碘泡虫病发病率低，成活率高。

⑥产量表现：池塘养殖每 667 米^2 产量在 400 千克以上。

⑦成鱼养殖：投喂饲料以颗粒料为主，根据生长规格等决定投饵量。当水温超过 15℃开始正常投喂，投饵量为鱼体重的 1％～5％，一般每天投两次，上午（8：00 左右）、下午（16：00 左右）各一次，每次各投总量的 50％。在月投饲量确定的条件下，6—9 月的日投饲次数可以 4～6 次。每日投饲量具体根据水温、水色、天气和鱼类吃食情况而定。在鱼病季节和梅雨季节应控制投饲量。

⑧选育单位：中国科学院水生生物研究所。

（11）杂交黄金鲫

①品种名称：杂交黄金鲫。

②品种来源：鲤、鲫杂交种。

③审定情况：2007 年通过全国水产原种和良种审定委员会

审定。

④审定编号：GS-02-001-2007。

⑤特征特性：含肉率高，营养价值高，膘肥体厚，肉质紧，含肉率高，细刺少，脏器小，鱼肉味道鲜美，营养特别丰富。适温范围广，在 0～38℃都能正常生存。抗寒性强，池水水位保持在 1.5 米以上，凡达标的水体或水域均能安全越冬。抗逆性好，对水环境的要求不严，通常饲养鲤、鲫的用水都能养殖黄金鲫；耗氧率极低，在整个饲养期间，只要池水中的溶氧保持在 3 毫克/升以上，pH 在 7～9.4，其摄食、饵料转化率、生长等均无影响。

⑥产量表现：池塘养殖每 667 米^2 产量在 400 千克以上。

⑦成鱼养殖：投喂饲料以颗粒料为主，生长速度快，适应能力强，容易饲养。南方地区投放大规格的鱼种可在 6 月，鱼种的时间一般较北方地区稍早些。稻田养殖可同时搭配鲢鳙夏花鱼种。

⑧选育单位：天津市换新水产良种场。

（12）湘云鲫 2 号

①品种名称：湘云鲫 2 号。

②品种来源：利用雄性改良四倍体鲫鲤与雌性二倍体高背型红鲫交配得到。

③审定情况：2008 年通过全国水产原种和良种审定委员会审定。

④审定编号：GS-02-001-2008。

⑤特征特性：湘云鲫 2 号具有生长速度快、肉质细嫩、味道鲜美、抗逆性强、易捕捞、自身不育等优良特点。

⑥产量表现：池塘养殖每 667 米^2 产量在 400 千克以上。

⑦成鱼养殖：每日投饲量具体根据水温、水色、天气和鱼类吃食情况而定，投饵量为鱼体重的 1%～5%，做到定点、定时、定量投喂。在鱼病季节和梅雨季节应控制投饲量。

⑧选育单位：湖南师范大学。

（13）芙蓉鲤鲫

①品种名称：芙蓉鲤鲫。

②品种来源：以散鳞镜鲤、兴国红鲤和红鲫为杂交原种，采用群体繁殖混合选育技术的后代。

③审定情况：2009 年通过全国水产原种和良种审定委员会审定。

④审定编号：GS-02-001-2009。

⑤特征特性：同池养殖对比试验表明，当年鱼种芙蓉鲤鲫生长速度比双亲平均水平快 17.8%，比父本红鲫快 102.4%，为母本芙蓉鲤的 83.2%；2 龄芙蓉鲤鲫生长速度比双亲平均水平快 56.9%，比父本红鲫快 7.8 倍，为母本芙蓉鲤的 86.2%；3 龄芙蓉鲤鲫生长速度比双亲平均水平快 54.1%，比父本红鲫快 7.6 倍，为母本芙蓉鲤的 84.5%。芙蓉鲤鲫生长速度比湘云鲫快 23%，比彭泽鲫快 57.1%，比银鲫快 34.8%。芙蓉鲤鲫食性杂，适应性广，耐低氧、耐脱磷充血和受伤感染。

⑥产量表现：池塘养殖每 667 米² 产量在 800～1 000 千克。

⑦成鱼养殖：投喂粗蛋白质含量为 30% 左右的配合饲料。在生长旺盛期，每天投喂饲料量为鱼体重的 5%～8%，后期为 3%～5%，坚持"四定""三看"的科学投喂方式，每天投喂四五次。加强日常管理，并根据水质情况，适时加注新水。

⑧选育单位：湖南省水产科学研究所。

（14）津新乌鲫

①品种名称：津新乌鲫。

②品种来源：以红鲫为母本，以白化红鲫和墨龙鲤的杂交后代为父本，经选育而来。

③审定情况：2013 年通过全国水产原种和良种审定委员会审定。

④审定编号：GS-02-002-2013。

⑤特征特性：生长速度比普通鲫快 2 倍以上。多年养殖实践证明，体长增长以 1～2 龄最快，体重增长以 3～4 龄最快。抗病能力强，一般养殖条件下不易发病，池塘养殖成活率高。从水花（鱼苗）至夏花出池成活率达 65% 以上，从夏花至秋片（鱼种）出池成活率达 85% 以上，从鱼种至商品鱼出池成活率达 98% 以上。抗

逆性能强，耐低氧，可在 1.5 毫克/升的低溶氧水体中存活，当养殖水体溶氧在 3～4 毫克/升时，仍能正常摄食生长，能在水质浑浊度 10 厘米以下的水环境中正常摄食生长。抗寒能力强，耐低温，能在水温 1.5℃、冰下水位 1.2 米池水环境中安全越冬。耐运输，鳞片紧实。食性广，饲料系数低。

⑥产量表现：池塘养殖每 667 米² 产量在 400 千克以上。

⑦成鱼养殖：每日投饲量具体根据水温、水色、天气和鱼类吃食情况而定，坚持"四定""三看"的科学投喂方式。投饵量为鱼体重的 2%～5%，每天投喂四五次，可配养同龄的鲢。

⑧选育单位：天津市换新水产良种场。

（15）长丰鲫

①品种名称：长丰鲫。

②品种来源：该品系母本来源为异育银鲫 D 系，父本为鲤鲫移核鱼（兴国红鲤系），生殖方式为异源雌核发育。

③审定情况：2015 年通过全国水产原种和良种审定委员会审定。

④审定编号：GS-04-001-2015。

⑤特征特性：生长优势明显，较普通体银鲫生长速度快 18.9%～32.1%；肉质细腻，肌纤维较彭泽鲫和普通银鲫细 23% 和 37%；鲜味氨基酸含量（天门冬氨酸、谷氨酸、甘氨酸、丙氨酸）与彭泽鲫无显著差异；有益脂肪酸含量更高。在检测的 21 种脂肪酸中，DHA（二十二碳六烯酸，又称脑黄金）含量为 10.3%，是彭泽鲫的 2.28 倍；花生四烯酸含量为 8.3%，是彭泽鲫的 1.62 倍。

⑥产量表现：池塘养殖每 667 米² 产量在 400 千克以上。

⑦成鱼养殖：整个养殖过程中根据鱼体营养需求投喂全价配合颗粒饲料，饲料粒径根据不同时期鱼的规格而定。饲料投喂按照"四定"原则投喂至七八分饱即可，投喂量应掌握在鱼总体重的 1.5%～5%，避免过度投料。

⑧选育单位：长江水产研究所、中国科学院水生生物研究所。

2. 水稻品种

以往传统稻田养殖的水稻品种没有经过筛选，主要选用常规种植品种。在具体实施过程中，发现易倒伏、不耐肥、抗病能力不强等一系列问题。在新一轮稻鱼综合种养实施过程中，各地专家根据当地稻作方式、气候条件、水文条件以及套养水产生物的特性要求，筛选了一批适用当地稻鱼综合种养的优良水稻品种。筛选基本技术思路包括：①按稻作方式进行筛选的技术路线，在双季稻区，早稻宜选择早、中熟品种，晚稻宜搭配迟熟品种；若早稻采用迟熟品种，晚稻则宜选择早、中熟的杂交种；在单季稻区，应选择生育期较长的迟熟品种。②根据不同种养模式筛选适合的水稻品种，对于稻鱼共作模式，水稻品种需要筛选具有耐肥力、抗病性强、不易倒伏、生长期较长的晚熟水稻品种。不同种养模式选用的水稻品种不同，具体品种参见第二章。近年来筛选的适宜于我国西南地区开展稻田养鱼的耐肥、抗病、抗倒伏水稻品种介绍如下。

（1）川优 6203 川优 6203 是四川省农业科学院作物研究所以自育优质不育系川 106A 与自育抗病恢复系成恢 3203 配组育成的优质高产香型杂交水稻新组合。该品种于 2011 年通过四川省农作物品种审定委员会审定，品种审定编号：川审稻 2011002；2014 年通过湖北省农作物品种审定委员会审定，品种审定编号：鄂审稻 2014007；2014 年通过国家审定，审定编号：国审稻 2014016，达到国家《优质稻谷》标准（GB/T 17891—1999）2 级。主要特点包括米质优良、丰产性好、安全性高、适应性广。适于在中低海拔的平原和广大丘陵稻田种植。该品种在四川丘陵及平原稻田养鱼地区被广泛推广，收效良好。

（2）旌优 127 旌优 127 是四川省农业科学院水稻高粱研究所用自育不育系旌香 1A 与四川省农业科学院作物研究所选育的恢复系成恢 727 组配选育的中籼早熟优质杂交水稻新组合。2013 年通过四川省农作物品种审定委员会审定，审定号：川审稻 2013001，适宜在四川平坝、五陵地区种植。该品种在四川德阳稻鱼综合种养区广泛推广，示范区采用不施肥、不打农药、不断水的种植管理方式，经测产平均单产达每 667 米²458 千克。

（3）宜香优 2115 宜香优 2115 是恢复系雅恢 2115 与宜香 1A

配组，育成的多抗、优质、高产的新品种，于 2011 年通过四川省农作物品种审定委员会审定，年度排名第一，审定编号：川审稻 2011001。适宜在云南、贵州、重庆的中低海拔稻区（武陵山区除外）和四川平坝、丘陵稻区以及陕西南部稻区作一季中稻种植。该品种在四川省江油县贯山镇稻鱼综合种养示范基地连续多年，收效良好。

（4）川优 8377　杂交水稻品种川优 8377 是四川省农业科学院作物研究所用自育不育系川 358A 与自育恢复系成恢 377 组配育成，2012 年通过国家农作物品种审定委员会审定，系长江流域通过国家审定的国标优质一级米中籼品种。该品种适宜在贵州黔东南稻区、重庆（武陵山区除外）的中低海拔籼稻区、四川平坝丘陵稻区、陕西南部稻区及近似生态区种植。该品种在四川省江油县贯山镇稻鱼综合种养示范基地推广。

二、我国稻鱼综合种养前景分析

稻鱼综合种养促进了农村经济的发展，实现了经济、社会和生态效益的统一，符合农村经济结构优化的发展趋势，提高了资源利用率，把养殖技术与种植技术优化组合，对稳定我国粮食种植面积、调整人们的食物结构、提高农民收入起到了积极地促进作用。调查表明，养鱼效益是种粮效益的 5.27 倍，特别是稻田养殖，由于是在同一生态环境条件下进行的生产，不需要增加更多的投入就可获得多样化的、高效的产出。稻田养殖既能有效提高农田的经济效益，缓解我国人多地少的矛盾，实现农民增收的目标，又不破坏农田的基本结构，不影响农田的基本生产能力，有着广阔的发展前景。实践证明，发展稻鱼综合种养是一件一举多得、利国利民的好事，也是建设高效农业新模式、促进种植业与养殖业持续发展的新抓手。

近年来稻鱼综合种养得到大面积推广，呈现蓬勃发展态势，主要有以下几点原因：①目前的经营方式和经营主体由过去一家一户小规模经营向农业大户或合作社经营转变，可以实现连片生产和销售，易于创建品牌效应，市场开拓力增强；②在国家政策的支持下,各地开展高标准农田建设,政府对稻鱼综合种养的投资力度加大;③稻田养鱼的工程建设目前已实现机械化操作,稻田秧苗播种和收割也实现机械化作业,有效降低了生产成本并提高了生产效率;④现在农产品消费已由过去的温饱型转变为目前的质量型,大众对生态种养的优质鱼和优质稻米的消费增加,带动了稻鱼综合种养产业的发展。

基于我国现阶段国情和政策支持,实施稻鱼综合种养既是当前发展的需要也是未来发展生态农业的需要。稻鱼综合种养的发展前景和潜力很大。

在政策支持方面,我国是一个农业大国,党和国家高度重视农业经济和发展。中共中央从 2003 年已连续 15 年将"三农"问题以一号文件的形式给予高度重视,总体围绕我国农业现代化和农业可持续发展这一根本目标,从生态文明建设着手,解决"三农"问题。2015 年中央农村工作会议、中央一号文件和全国农业工作会议,提出"稳粮增收调结构,提质增效转方式"的工作主线,大力推进化肥减量提效、农药减量控害,积极探索产出高效、产品安全、资源节约、环境友好的现代农业发展。2017 年中央一号文件明确提出"推行绿色生产方式,增强农业可持续发展能力";2017年第十二届全国人大五次会议中提出,推动生态大循环农业势在必行;《中华人民共和国国民经济和社会发展第十三个五年计划》决定实施化肥农药使用量零增长行动,实施种养结合循环农业示范工程,推动种养业废弃物资源化利用、无害化处理。贯彻"创新、协调、绿色、开放、共享"五大发展理念,推动生态文明建设,转变农业发展方式,补齐资源环境短板,加快农业现代化,促进生产、生活、生态"三生"共赢,促进农业可持续发展已经上升为国家战略。

为贯彻落实党中央提出的新发展理念和国家战略,推动资源利用高效化、农业投入减量化、废弃物利用资源化、生产过程清洁化,促进农业提质增效和可持续发展,农业部专门部署了 2017 年农业面源污染防治攻坚战十项重点工作(农办科〔2017〕8 号)。农业部和国家农业综合开发办公室研究决定,在总结以前年度试点工作经验的基础上，从 2017 年起集中力量在农业综合开发项目区推进区域生态循环农业项目建设。根据《农业综合开发区域生态循环农业项目指引（2017—2020 年）》和中央提出的新发展理念，以解决一定区域范围内农业生产、生态循环突出问题为导向，充分利用现有的农业生产条件和产业基础，发挥农业部门行业技术优势和农业综合开发财政资金引导作用，科学合理地选择生态农业循环模式，开展畜禽养殖废弃物资源化利用、农副资源综合开发、标准化清洁化生产等方面的建设，促进农牧结合、种养循环，在农业综合开发项目区起到示范引领作用。

开展生态循环农业项目是农业经济发展的需要，也是脱贫攻坚的需要，通过产业发展脱贫需要立足贫困地区资源禀赋，因地制宜。积极推广适合贫困地区发展的农牧结合、粮草兼顾、生态循环种养模式。有序发展健康水产养殖业，加快池塘标准化改造，推进稻田综合种养工程，积极发展环保型养殖方式，打造区域特色水产生态养殖品牌。深度挖掘农业多种功能，培育壮大新产业、新业态，推进农业与旅游、文化、健康养老等产业深度融合，加快形成农村一、二、三产业融合发展的现代产业体系。

在市场需求方面，大众对绿色、有机、无公害食品的需求不断增长，消费绿色食品已成为一种时尚。传统的稻田养殖在新时期被赋予了新的消费内涵。采取适当的市场营销手段，绿色食品市场潜力巨大。此外，随着人们收入水平的提高，人们对水产品的消费也出现了多样性的变化趋势，不同的鱼类品种能够满足人们对水产品多样化的需求。

在生产技术方面，水稻品种的栽培技术以及水产品种的繁殖、养殖技术都已较成熟（详见第三章）为稻鱼综合种养的发展提供了技术保障。

在设施设备方面，稻田秧苗播种和收割已实现机械化作业，农业作业设施设备逐渐完善。新一轮稻鱼综合种养中还采用了诱虫设备（彩图 8），多地实施稻田养殖均安装了诱虫灯。现代化设施设备的采用不仅使稻鱼综合种养生产效率提高，也有助于减少农药的使用。

第六章

存在的问题与发展建议

一、存在的问题

稻渔综合种养在我国发展势头良好，但稻鱼综合种养（平原型）技术空间的拓展程度不够充分，主要存在以下几方面问题。

（一）稻田养鱼相对效益下降

稻鱼种养系统是一种建立在传统农耕文化基础上的农业技术、经济文化的综合体，随着城市和农村经济的发展，稻鱼综合种养的相对效益下降。由于城市第二、三产业的冲击，大批农村主要劳动力向城市转移。据上海市农业委员会测算，要使年轻人留在农村，第一产业的收入要超过第二、三产业的 2～3 倍，才能留得住人。但目前稻田养鱼的经济效益显然达不到上述要求。

（二）稻鱼种养技术局限于水产行业范围内单兵团作战

由于各行业缺乏相互支持和协调（如渔农矛盾、渔业与水利的矛盾、渔业与旅游业结合不充分等），缺乏多行业、多学科的相互渗透，跳不出原有的老框架。

1. 缺乏与种植业的合作

稻田养鱼，既需要作物栽培学技术，又需要水产养殖学的基础知识。在学科交叉和相互渗透的过程中，需要建立新的增长点——稻田种养新技术的理论体系和技术体系。但目前绝大部分的农业科技人员都是"种水稻的不懂养鱼，会养鱼的不会种稻"。所以现在既懂鱼养殖，又会种田的技术人员有限，多是稻鱼综合种养区的技术指导员和示范户。这严重影响了该项技术的完善提高和普及推广。

2. 缺乏与粮食加工产业的合作

农户的生产与销售缺乏与粮食加工产业的联系与合作，因而难以提高附加值。稻田经多年养殖鲤后，生产的大米中农药残留明显下降，完全可以申请评定为有机大米。在四川一些偏远地区，由于种养规模小，农民不懂申报检测和评定程序，结果绝大部分农民将"鱼田稻谷"直接卖给米业，尽管价格有一定提高，但提高幅度不大，有的仅比普通稻谷增加 0.2～0.3 元/千克。如果与粮食加工企业合作，将论证、检测合格的"鱼田稻谷"创建为有机大米品牌，则稻谷收购价会高出很多。在超市，有机大米的销售价高达 20～48 元/千克。

（三）规模化、产业化配套不完善

1. 小生产的经营体制，束缚了种养技术的发展

稻鱼综合种养需要连片作业、规模化生产。只有通过土地流转，将分散的土地集中起来，实行区域化布局、规模化开发、标准化生产、产业化经营、专业化管理、社会化服务，才能不断提高农业综合生产能力。目前农村小生产的经营体制，束缚了稻鱼综合种养技术的发展。

2. 基础设施差

稻鱼综合种养很多田块基础设施差，稻田养鱼田埂宽、高均达不到技术要求，无防洪沟，遇洪水田埂易倒塌，漫水逃鱼现象严重，影响了稻田养鱼的产量及效益。

3. 苗种供应不配套

稻田需要大规模投放鱼种时，鱼种供应存在规格偏小、投放量不足、成活率低等问题。由于苗种规格偏小，其抗逆能力弱，易受鼠、蛇、鸟等天敌危害，因而成活率较低。

4. 养殖技术及管理粗放

目前农户稻田养鱼技术手段相对落后，稻田开挖规格尺寸不合理，有的不投放饵料，无专人看管，导致稻田养殖产量低、养殖效益不高。

5. 市场营销不配套

稻鱼综合种养缺少市场营销的配套，容易产生贱卖现象，将严重影响养殖户的积极性。

(四) 缺乏必要的资金和科技支撑

当前，稻渔综合种养的生产走在科研前面各地对稻田养殖的试验成果较少，且大多局限于渔业部门。项目的投资少、起点低，试验条件差，试验的设计不完整、不合理，不少单位的研究成果都是低水平的重复。相关科研项目单兵团作战，缺乏大型、综合性科研项目的支撑。

二、发展建议

(一) 加大政策扶持力度

稻鱼综合种养模式，在一般情况下，综合效益是单纯种稻的2～3倍。比单纯种植水稻可节约人工、肥料、农药，水稻能增产10％～15％或保产；比单纯养鱼可节约饲料、水和土地等。我国南方平原地区稻田养鱼模式的直接经济收入和综合社会效益都比常规农业生产模式高。但是，稻田养鱼模式虽然有较高的现金净收入，高投入仍是阻碍其推广的重要原因之一。因此各地应积极把稻鱼综合种养作为稳粮、促渔、增收的重要措施，列入现代农业发展的重点支持领域，引导各地结合实际，将稻鱼综合种养纳入当地农业发展规划，加大政策和资金的扶持力度。则可大幅度激励农户开展稻田养鱼的积极性，从而实现直接经济价值和社会综合效益的双赢。

(二) 加快稻鱼综合种养产业化模式和技术的示范推广

稻鱼综合种养生产中种养模式、田间管理以及综合效益提升等方面仍存有诸多问题，尤其是适宜品种和模式的选择、种养矛盾处理等问题较为突出。为此，要力求技术、模式和机制创新，包括采取生态技术和创新模式，如生物治虫与灯光诱虫等生态方式防治水稻病虫害、品种（水稻、水产）优化选择、"大垄双行"技术应用、鸟类等敌害生物预防、共生和轮作结合、"先鱼后粮"轮作、装备提升等。尽快建立由水产、种植、农机、农艺、农经、农产品加工等多方面专家组成的稻鱼综合种养技术协作组,深入一线,巡回指导,解决产业间相互支持、相互合作、相互协调、相互融合的生产和技术问题。同时,组织编写统一培训教材,加大对技术骨干人员培训。依托科技入户公共服务平台,积极构建"技术专家+核心示范户+示范区+辐射户"的推广模式,提高技术的到位率和普及率。

(三)积极培育新型经营主体

强化产业化发展导向,积极推进以集约化、专业化、组织化、社会化为特征的新型稻渔综合种养发展,积极培育专业大户、家庭农场、龙头企业、专业合作社等新型经营主体,通过统一品种、统一管理、统一服务、统一销售、统一品牌,进一步提高稻渔综合种养组织化、标准化、产业化程度,完善产业化发展的体制机制,建成"科、种、养、加、销"一体化的产业链。

(四)大力打造生态健康品牌

大力挖掘稻鱼综合种养生态价值,积极推进各地按无公害、有机、绿色食品的要求组织稻田产品的生产,主打生态健康品牌,进行系列化开发建立专业化种养、产业化运作、品牌化销售的运行机制,提升稻田产品的价值,用效益引导农民参与稻鱼综合种养。

参 考 文 献

白荣达，柯仁，1999. 稻田养鱼及鱼病防治 ［M］. 南京：南京大学出版社.

曹涤环，2014. 抓关键技术夺再生稻高产 ［J］. 科学种养，(9)：13.

陈浩，王俊，李良玉，等，2015. 四川崇州"稻田养鱼"换新颜 ［J］. 中国水产，9：18.

陈万生，1990. 农业生态工程之一——稻田养鱼. 互惠共生 ［J］. 宜宾师专学报，2：78-82.

程仙枝，2017. 三江县"超级稻＋再生稻＋鱼"稻田综合种养技术模式 ［J］. 农业科技与信息，(16)：70-71.

丁伟华，2014. 中国稻田水产养殖的潜力和经济效益分析 ［D］. 杭州：浙江大学.

董国臣，1987. 稻田养鱼鱼稻丰收 ［J］. 新农业，(5)：6.

冯涛，2013. 水稻育秧技术与病虫害防治 ［J］. 生物技术世界，(2)：44.

胡亮亮，2014. 农业生物种间互惠的生态系统功能 ［D］. 杭州：浙江大学.

黄国勤，2009. 稻田养鱼的价值与效益 ［J］. 耕作与栽培，4：49-51.

黄璜，王晓青，杜军，2017. 稻田生态种养技术汇编 ［M］. 长沙：湖南科学技术出版社.

黄毅斌，翁伯奇，唐建阳，等，2001. 稻-萍-鱼体系对稻田土壤环境的影响 ［J］. 中国生态农业学报，9 (1)：74-76.

焦雯珺，闵庆文，2014. 浙江青田稻鱼共生系统 ［M］. 北京：中国农业出版社.

黎彬，罗先富，朱建宇，等，2009. 优质稻黄华占的特征特性及高产栽培技术 ［J］. 湖南农业科学，(6)：31-31.

李立，2017. 再生稻标准化高效栽培技术 ［J］. 植物医生，30 (6)：18-19.

卢升高，黄冲平，1988. 稻田养鱼生态经济效益的初步分析 ［J］. 生态学杂志，7 (4)：26-29.

陆贤军，任广俊，高方远，等，2011. 优质高产香型杂交水稻新组合川优

6203 [J]. 杂交水稻, 26 (6): 89-90.

罗炬, 杨尧城, 唐绍清, 等, 2009. 超高产早稻新品种中嘉早 17 的选育及栽培技术 [J]. 中国稻米, (6): 50-51.

马欣, 吴绍洪, 戴尔阜, 等, 2011. 气候变化对我国水稻主产区水资源的影响 [J]. 自然资源学报, 26 (6): 1052-1064.

农业部渔业局, 2010. 中国渔业统计年鉴 [M]. 北京: 中国农业出版社.

农业部渔业渔政管理局, 2014. 中国渔业统计年鉴 [M]. 北京: 中国农业出版社.

农业部渔业渔政管理局, 2015. 中国渔业统计年鉴 [M]. 北京: 中国农业出版社.

农业部渔业渔政管理局, 2016. 中国渔业统计年鉴 [M]. 北京: 中国农业出版社.

农业部渔业渔政管理局, 2017. 中国渔业统计年鉴 [M]. 北京: 中国农业出版社.

彭春瑞, 2012. 农业面源污染防控理论与技术 [M]. 北京: 中国农业出版社.

钱志黄, 1987. 四川稻田养鱼 [M]. 成都: 四川科学技术出版社.

任国玉. 2007. 气候变化与中国水资源 [M]. 北京: 气象出版社.

沈雪达, 苟伟明, 2013. 我国稻田养殖发展与前景探讨 [J]. 中国渔业经济, 31 (2): 151-156.

王代根, 2011. 水稻旱育秧与抛秧高产栽培新技术 [J]. 四川农业科技, (04): 19-20.

王华, 黄璜, 2002. 湿地稻田养鱼、鸭复合生态系统生态经济效益分析 [J]. 中国农学通报, 18 (1): 71-75.

汪名芳, 薛镇宇, 2001. 稻田养鱼虾蟹蛙贝技术 [M]. 北京: 金盾出版社.

王志明, 沈明, 梅琴专, 2011. 水稻新品种武运粳 23 号的推广与应用 [J]. 中国种业, (5): 75-76.

吴洁远, 李小洁, 郭炳权, 等, 2014. 广西桂南稻作区双季超级稻标准化栽培技术规程 [J]. 中国种业, (10): 70-72.

吴旭东, 张锋, 张宝奎, 2009. 稻田鱼蟹养殖技术 [M]. 银川: 宁夏人民出版社.

吴宗文, 吴小平, 1999. 稻田养鱼和小网箱养鱼 [M]. 北京: 科学技术文献出版社.

向安强，1995. 稻田养鱼起源新探 [J] . 中国科技史料，16（2）：62-74.

谢坚，2008. 稻田生物多样性控制稻飞虱和稗草的效应 [D] . 长沙：湖南农业大学.

徐富贤，1989. 我国稻田养鱼的技术进展及再研究 [J] . 湖北农业科学，12：40-41.

杨莉，蒋开锋，郭小蛟，等，2017. 优质杂交水稻新组合旌优 127 [J] . 杂交水稻，32（1）：91-92.

中国水产杂志社，2017. 稻渔综合种养技术汇编 [M] . 北京：中国农业出版社.

中华人民共和国农业部渔业局，全国水产技术推广总站，2013. 渔业主导品种和主推技术 [M] . 北京：中国农业出版社.

朱泽闻，李可心，王浩，2016. 我国稻渔综合种养的内涵特征、发展现状及政策建议 [J] . 中国水产，10：32-35.

彩图1 稻、鱼、菜综合种养

彩图2 "井"字形鱼沟

彩图3　"十"字形鱼沟

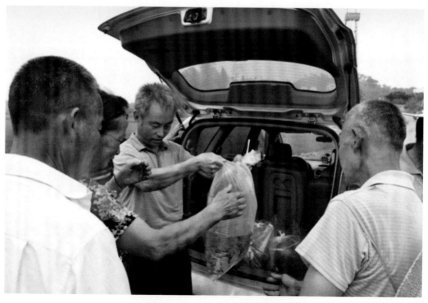

彩图4　放养前观察鱼苗情况

彩图5　放养鱼苗

彩图6　日常检查灌溉设施

彩图7　稻渔产品

彩图8　田间安装诱虫灯